PEARSON

商业智慧
Remarkable Businesses

Success Build to Last

成功长青

每个人都可以拥有意义非凡的人生

（美）杰里·波拉斯 斯图尔特·埃默里 马克·汤普森 著
李 昆 译

东北财经大学出版社
Dongbei University of Finance & Economics Press
大连

图书在版编目（CIP）数据

成功长青：每个人都可以拥有意义非凡的人生／（美）波拉斯（Porras，I.），（美）埃默里（Emery，S.），（美）汤普森（Thompson，M.）著；李昆译.—大连：东北财经大学出版社，2011.11
（商业智慧丛书）
ISBN 978-7-5654-0580-8

书名原文：Success Build to Last：Everyone Can Have a Meaningful Life
Ⅰ.成… Ⅱ.①波… ②埃… ③汤… ④李… Ⅲ.成功心理-通俗读物 Ⅳ.B848.4-49

中国版本图书馆 CIP 数据核字（2011）第 216618 号
辽宁省版权局著作权合同登记号：图字 06-2008-403 号

东北财经大学出版社出版
（大连市黑石礁尖山街 217 号　邮政编码　116025）
教学支持：（0411）84710309
营 销 部：（0411）84710711
总 编 室：（0411）84710523
网　　址：http：//www.dufep.cn
读者信箱：dufep @ dufe.edu.cn
大连美跃彩色印刷有限公司印刷　　东北财经大学出版社发行

幅面尺寸：148mm×210mm　字数：46 千字　印张：4 7/8　插页：1
2011 年 11 月第 1 版　　2011 年 11 月第 1 次印刷

责任编辑：李　季　王晓欣　　责任校对：赵　楠
封面设计：冀贵收　　版式设计：钟福建

ISBN 978-7-5654-0580-8
定价：19.00 元

译者序

吉姆·柯林斯和杰里·波拉斯于1994年出版了畅销书《基业长青：百年企业的成功习性》（*Built to Last：Successful Habits of Visionary Companies*），致力于探讨组织（尤其是企业）存在与成功的最基本、最重要的东西是什么。该书出版后获得了巨大的成功，被视为一部管理者不可不看的经典，国内也掀起了一场热读的气氛，众多企业将其指定为员工必读书目。但《基业长青》中所描述的成功原则是否也可以用在个人身上呢？为此，波拉斯、马克·汤普森和斯图尔特·埃默里进行了一项新的调查，并基于调查的结果共同撰写了《成功长青》(*Success Built to Last*) 一书。

为了写作该书，作者先后访谈了 200 多位书中称为“建设者”的成功人士。这些人取得的不是昙花一现的或表面的成功，他们的成功是持久的，并对社会产生了深远的影响。作者通过对这些成功人士的专访，归纳出成功长青的方程式：意义+想法+行动。

追求一种有意义的生活是成功长青最重要的因素。你所做的事对你而言，必须是有意义的、十分重要的事。至于是否有意义应该由你个人判定，而不是根据世俗的眼光。如果你所做的事对你没有意义，你就不会真正去关心。失去了意义，你就不能在无法回避的挑战和困境之中坚持下来，而这些挑战和困境是取得成功所必须经历的。对“建设者”而言，“成功”并非是指获得“金钱、名誉、权力”，而是“从事对自己有意义的事，毕生投入其中，并创造恒久的影响力”。

一个正确的思维模式对获得持久的成功也非常重要。“建设者”们都非常强调正面思考、不埋怨、直面自己的弱点，从失败中吸取教训，并将其转变为自己的智慧。比如，嘉信投资银行创建人查尔斯·施瓦布一辈子都是阅读障碍症患者。思科首席执行官约翰·钱伯斯，以及维珍的首席执行官理查德·布兰森也都有学习障碍。即使“建设者”经常面对一些很难处理的困难，有时甚至是自身的先天缺陷，但他们还是会将其视为一个机会，并在自己的缺陷中找到了成功的契机。

和《基业长青》一样，《成功长青》一书出版后，深受读者欢迎，获得了巨大的成功，2006 年被美国《商业周刊》评选为当年最佳书籍。本书的 9 篇文章精选了

《成功长青》一书中最精华的案例，凝聚了深刻的哲理，没有繁琐的逻辑，也没有空泛的议论，阅读起来非常轻松和引人入胜，同时能给人带来深深的震撼和长久的思考。

作者简介

杰里·波拉斯（Jerry Porras）：斯坦福大学商学院的组织行为与变革专业方向的教授，曾在通用电气公司和洛克希德公司任职。他与吉姆·柯林斯（Jim Collins）合著了《基业长青》，为建立21世纪的组织提供了一个宏伟蓝图。

斯图尔特·埃默里（Stewart Emery）：Actualizations的共同创办人和CEO，被喻为“人类潜能运动”之父，著有《实现：做自己不必排演》及《我的人生指南》等畅销书。

马克·汤普森（Mark Thompson）：高级培训师，多家公司高层管理团队的顾问，有多种视听作品出版并获奖。《福布斯》杂志将其誉为美国“点石成金”的顶级创业投资家之一。

译者简介

李昆：博士，曾在欧美留学多年，现为四川大学工商管理学院副教授，主要研究领域为金融投资和中小企业管理。

目　录

该重新定义
什么是“成功”了

为了取得成功，首先应放弃流行的妄想
被成功所背叛和寻找意义
获得持久成功的三个基本要素
必须结合起来的三个简单但并非容易的要素
成功长青的三原色

你在字典里查到的那些被社会广为接受的“成功”的衡量标准从来就不是建设者——那些希望建立一种有意义的生活的人——所追求的。对“成功”的标准定义肯定是写给那些有不良社会倾向的人的，“成功”被定义为：

1. 某些计划或尝试成功完成。

2. 令人印象深刻的成就，特别是名望、财富或权力。

3. 事情按计划或预期出现。

4. 某人取得创纪录的成就，特别是在财富、名望或权力方面。

请注意，在上述字典的定义中你找不到任何地方提到成功和发现意义、自我实现、幸福以及持久的关系有关。上述定义中完全没有提到一个人投身于对自己充满意义的“天职”时感到的那种活力，也完全没有考虑到成功和服

> 对于建设者而言，成功的真正定义是能带来个人的满足和持久的关系的一种生活或工作，同时这种生活或工作也改变了他们所在的这个世界。

务于这个世界的崇高理想之间有什么关系。但这些恰恰是那些在现实中取得持久成功的人们在生活和工作中所看重的东西。

对于建设者而言，成功的真正定义是能带来个人的满足和持久的关系的一种生活或工作，同时这种生活或工作也改变了他们所在的这个世界。现在的问题是，为什么我们其余人的定义和他们的定义有所不同呢？

那些以名利、财富和权力本身为追逐目标的人最终多半都会陷入痛苦和病态的境地，即使他们其中的部分人也有可能实现这一目标。不是说不能追求名利、财富和权力，但是我们认为目前对成功的定义为你的生活或工作开出的可能是一个有毒的处方。如果你按照这个定义的标准来衡量你生命的所有意义，它会让你感觉自己更像是一个失败者，而非成功者。

当然，如果你在所“计划”的某个目标上取得“令人印象深刻的成就”，而你不为之感到高兴，这肯定是比较奇怪的。但是，当你和建设者们交谈时，你会听到财富、名誉和权力其实不是他们中的大部分人所追求的目标。金钱和名誉都只是外部因素，是他们为了实现一个完全不同的目标而激情工作的成果，这个目标往往是个人事业或“天职”。艾德·彭霍德（Ed Penhoet）投身于研究治疗癌症的方法就是其中一个例子，他选择了一种体现了他的激情的生活方式，最终让自己的人生有所不同，也让这个世界因为他而有所不同。

艾德·彭霍德的目标不仅仅是为社会提供服务，也不仅仅是想找到治疗癌症的方法，而是两者同时都有。彭霍德对服务于世界充满了激情，这种激情引导他从学者转型为企业家，现在又从事于管理非营利性机构的工作，彭霍德在这一系列工作中都注入了他的激情，并通过其从事的事业改变了医学研究的现状。

而且，如果你想知道的话，彭霍德和他的同事最终的确享有了很多以传统标准衡量的成功标志，如富裕的生活，但这些东西并不是他的目标。彭霍德对事业的终身追求激发他于1981年创立了凯龙公司，他担任该公司CEO的时间比这个行业里任何其他人都要长。现在，凯龙已是一家市值19亿美元，致力于生物技术创新的公司。而彭霍德的事业则转向了担任他的朋友戈登·穆尔的50亿美元的基金的董事，该基金致力于为科学、教育和环境保护提供资助。

当成功只是意味着财富、名誉和权力时，它并不能持久，也不能令人长久满足。

为了取得成功，首先应放弃流行的妄想

在为了谋生、取悦他人或取得某种地位的压力的驱使下，你可能不得不去追求传统的成功所指向的那些难以捉摸的目标。具有讽刺意味的是，传统意义上的成功能给你带来的那些东西往往会逐渐褪色、消失或成为你灵魂的牢狱，除非它不是你的首要目标。像彭霍德那样的建设者告诉我们，当成功只是意味着财富、名誉和权力时，它并不能持久，也不能令人长久满足。如果他把流行的成功定义当作他生活的向导，他认为自己就永远不会取得那种对他有重要意义的成功。

相反，那些谋求按照他们自己的定义取得持久成功的建设者们坚持认为成功需要个人对某项事业的全心投入，

同时这个事业必须是你真切关注并愿意不计较财富、名誉、权力和社会舆论而为之奋斗的，否则你就不可能取得真正意义上的成功。

在现实生活中，大多数的建设者都是在长期投身于他们的“天职”或某种对他们来说有特别意义的生活后才成为他们所在领域的领袖。主流媒体在报道这些成功人士的故事时，要么是一厢情愿，要么是想告诉人们一个成功的法宝，总让人们觉得他们似乎是一夜成功的，但实际情况很少如此。

大多数的建设者们穷其一生全身心地经营其事业。他们执著于自己的理想，年复一年，痴迷于他们的事业的每一个细节，忘记了时间的流逝。实际上，他们愿意无偿地做这些工作，为工作本身而工作。即使音乐不流行，昆西·琼斯也不会放弃音乐，就像曼德拉不会放弃对种族隔离的抗争。投身于一种事业就是一种痴迷，而人是很难从一种痴迷中摆脱出来的。杰克·韦尔奇不太可能停止宣扬他的管理思想，玛雅·安吉罗也不大可能停止写诗和教书。他们这样做是因为这些事对他们很有意义。

在投身于某种事业多年后，如果遇到某种巧合，使这项事业正好变成一个流行的东西，某些建设者就会获得字典上所定义的成功，他们也会被社会视为成功者，但这实际上是一个偶然的结果，而不是他们原来的目标。

被成功所背叛和寻找意义

如果考虑到字典上定义的成功和你作为个人或组织实际关心的东西之间的不一致，当你为自己设定一个成功的“目标”并不断为之奋斗时，却很奇怪地发现自己并无成

> 你非常努力争取的东西实际上对你并不重要。

就感。实际上这毫不奇怪，因为你非常努力争取的东西实际上对你并不重要。的确，有太多的人在他们生命中的某一时刻确定一些目标，并且很出色地实现了这些目标，但随后又非常困惑地感到失望、空虚和抑郁。

难道这就是为什么尽管人们获得了几十年以前做梦也想不到的物质上的奢侈，但在美国、中国和其他经济快速增长的国家里，最富裕的阶层中患上临床抑郁症和自杀的人数却不断攀升？据世界卫生组织预测，到 2020 年抑郁症将成为致残的第二大原因，这的确是一个本身就让人抑郁的预测。

很多人在取得成功所定义的东西之后，为什么幸福的感觉却转瞬而逝呢？建设者们认为原因很简单，这是因为你没有弄明白生活中对你真正重要的东西是什么，不仅仅是今天对你重要的东西，而是在今天和长久的未来都对你很重要的东西。这就是为什么那些中了彩票的人中，能够在两年之后仍然保持快乐或清醒的非常少；这也是为什么10个新成立的公司中有9个存活不了多久；为什么一个人如果数十年的坚守同一个职业非常困难。

拉脱维亚总统瓦伊拉·维基耶-弗赖贝加认为这就是为什么大多数政府效率低下且让民众感到不满的原因。这位前蒙特利尔大学心理学教授指出，“很多时候，立法者在推出他们远大的计划前，并没有确认人们对什么是成功是否有共识，或者我们想要达到的目标是否真的对我们很重要。”

这也可能是许多伙伴关系，包括婚姻关系等少有快乐结局的原因，同时也可以解释为什么好莱坞明星成为“短期关系”和“长期上瘾”的代名词。

你在《人物周刊》和《华尔街日报》上随时都可以

读到这些人的新闻，读到这些富人或名人的生活方式，也读到他们对生活令人难以置信的失望。他们是我们很多人立志效仿的榜样。但即使是这些偶像本人也发现自己的生活是不完整的，他们感觉到的兴奋远不及当年他们一无所有时那样强烈，那时他们唯一关注的是对未来的梦想的追求。

这样的人不少，要么你认识这样一个人，或者你自己就是这样一个人。

为了避免这种进退两难的境况，你对所追求的目标要慎重。当你或你的组织所取得的成就没有什么意义时，那么它也不会长久。建设者所经历的成功不是那种转瞬即逝的，很多人成功后满足感之所以短暂是因为他们所追求的目标仅仅是物质财富或其他短期的满足，而不是来自内心持续的满足。

成功长青的方程式：意义+想法+行动。

获得持久成功的三个基本要素

在数以百计的访谈中，我们发现获得持久成功的建设者的生活和工作至少有三个核心要素。

第一个基本要素是意义。你所从事的工作必须对你非常重要，赋予你生活的意义。你对此工作充满激情，以至于你工作起来都会忘记了时间。你愿意招募其他人来和你一起工作，即使大家都对你持批评态度，你还是会去做，甚至愿意悄悄地不需要报酬地去做。实际上，如果别人给钱让你不去做，你也不会接受。

“成功就是建立持久的关系并服务他人。”印度 Wipro 公司的董事长阿齐姆·普雷姆吉这样说道。在他 21 岁时，父亲去世了，他接管了父亲留给他的一家位于班加罗尔的公司，然后将该公司由初出茅庐的烹饪油脂生产商转变为一个年销售额高达近20亿美元的信息技术服务提供商。当谈到在生活和职业生涯中寻求持久的成功时，普莱姆基问道：“你不觉得在对你重要的事情上和你自己建立一种有意义的持久关系是成功的良好开端么?”

第二个基本要素是想法。获得持久成功的人士大多具有高度的责任意识、大胆、热情和理性的乐观。史蒂夫·乔布斯在接受采访时曾告诉我们：获得持久成功的人士“想法与众不同”。不错，他们有天赋，也许有些人甚至是天才，但他们都有支持他们获得特殊成就的想法。

正如杰拉德·柯慈雷所说的那样，“如果你可以围绕创建真正的价值来组织你的想法，并且能排除周围所有的干扰、危机和复杂性，专注于那些对你很重要的价值，那么你就是幸运的，因为你在工作和生活上有了一个可持续的模式。”柯慈雷目前是荷兰皇家飞利浦电子公司的董事会主席和首席执行官，该公司在全球60个国家的雇员超过160 000人，2005年的销售额为370亿美元。

第三个基本要素是行动。获得持久成功的人士在采取行动时会寻找有效途径。乍听起来，这并不是一个什么特别启发人的东西，但实际上却有着非常重要的意义。许多建设者告诉我们，在生活中的某些时候他们感觉到了一种清晰的意义，但又几乎无法去实现——无法将意义和想法转化为行动。要思考生活的意义，但不要让你的思考阻碍了行动。

在你的愿景中，你所追寻的意义有时可能非常理想化，甚至是完美的。“它就像一块精美的糕点，太可爱了，你都不忍心吃掉它。”爱丽丝·沃特斯这样说道。她是一家餐馆的老板和有机食品烹饪的先驱者，她倡导了所热爱自己的工作是我们能够带给人们的最重要的价值。

谓的“可食的校园”运动[①]，决心通过饮食方式来改变我们这个世界。

“那些非常清楚对他们而言什么是必须做的事情和什么是重要的事情的人，也知道将自己的想法转变为行动时可能永远不会像在他们心目中想象的那么完美。”沃特斯说。发生这种情况是因为当你将想法付诸行动时，会让理想主义和唯美主义的东西处于危险的境地，“你的梦想在实践的过程中可能会失去一些东西！”

最终，“这和工作本身的乐趣有关——我们几乎完全忘记了这一点。热爱自己的工作是我们能够带给人们的最重要的价值。”沃特斯说。她对在自己屡获殊荣的 Chez Pannise 餐厅的厨房里忙着翻炒和切菜的厨师们热情赞赏：

① 可食的校园（Edible Schoolyard）就是在校园开垦一块地种植各种蔬菜，还可以饲养家禽，为学校的午餐提供原料，同时与学生的课程相结合，开展自然、生物、可持续发展等学科的教学活动。

“他们把杰作放入每一个盘子时，看上去就像一群雕塑家。”

“做一件事情最好是因为这件事情本身是值得做的，即使你不能做得像你起初想象中的那么完美。”杰克·贾这么说。他在中国四川省成都长大，满脑子充满了梦想。今天，他已创办了一系列企业，并且是华远科技协会的主席和 Baynote 公司的首席执行官。他说：“如果你不去做你自己想做的事情，你就会一直觉得不甘心，甚至很难受。如果这是对你真正很重要的事情，你就应该听从你内心的召唤，不要怕困难，要敢于接受新的挑战。任何新的开始，任何有创造性的举动都会在某些方面出问题。但只要你睁大你的眼睛，严格自律，事情随后会越变越好的。”

事情就是这样的，建设者告诉过我们无数次。因此，现在就行动起来，做你真正在意的事情！

如果没有自律，有些过于野心勃勃的人就会遇到相反的问题，只有行动，没有意义。新加坡企业家和政府的顾问彭翁这样告诫道：“那些就事做事，迫不及待采取行动的人往往后来发现自己走错了方向。你必须让你和你的团队在对什么是成功上达成共识。先想想什么是重要的事情以及你所服务的群体，然后，围绕这个整理你的思路，激发你的创造力，使之成为现实。”采取行动之前如果不先确定在你内心什么才是有价值的事情，你做的事情往往也长久不了。建设者们运用了一个特殊的目标设定过程，有时甚至鼓励争议，以帮助他们实现这些愿望。

必须结合起来的三个简单但并非容易的要素

在通往成功长青的旅途上，我们发现有这三个基本要建设者不是为了目标本身而去追求一个目标，他们是首先找到对他们有重大意义的东西，所以意义才是首要的，它统领了事业的其余部分。

素——每个人自己确立的生活意义、创造性的想法以及一个有效的行动，如果能把这些要素协调一致，你就为将来取得和维持成功打下了基础。如果你的目标只是短期的，或者是传统意义上的成功，那么也许你不需要协调这三个要素，但如果你能同时考虑这三个因素，那么你所取得的成功（你自己定义的，真正对你有意义的）的持久性可能就越长。

有一个方法可以帮助我们记住这些概念，那就是把这些元素看做是构建持久性成功的三原色。当你将红、蓝和绿三原色重叠时，你得到了什么？明亮的白色。如果有一种“正确”的目标需要去追求，这就是那个目标。建设者不是为了目标本身而去追求一个目标，他们是首先找到对他们有重大意义的东西，所以意义才是首要的，它统领了事业的其余部分。建设者们围绕他们的事业来进行思考，并采取不懈的行动来追求他们认为重要的东西（意义）。要增加生活和工作中的机会就得尽可能扩大中心的目标，把所有的三个圈子放在一起，增加它们重叠的程度。

成功长青的三原色

要自觉地意识到什么才是对你有意义的事，然后用你的想法和行动来支持你所想要的成功，这就是我们所说的协调一致。所有这些因素重叠，构成了白色部分单一的目标，这会使你更容易取得你生命中的目标并实现成功长青。

当然，对于成功这样一个非常复杂和常常具有挑战性的过程而言，我们这里提出的只是一个简单的模型。在现实中，更可能的情况是这三个圈往不同方向漂移，无法同步。如果没有持续的努力，来自工作和家庭的力量就会使这些因素难以保持一致。用彼得·德鲁克的不朽名言来说，那就是“（一个组织中）唯一会自己演变的事情就是紊乱、摩擦和错误”。

2

和问题作斗争，而不是和你的同事作斗争

争议是一种额外奖励
和问题作斗争，而不是和你的同事作斗争
避免自大的错觉
创意之争的基本规则
为争议创造一个安全的时间和地点
有创意的争议是建造者所擅长的一种艺术
注意、意图与争鸣
你走进门，最好的想法胜出
不需要正确，需要有效

争议是一种额外奖励

这可能听起来不太容易理解，但是，你面对争议时最好的办法就是“火上浇油”。你没听错！那些获得持久成功的人们行事的奇特风格之一就是他们会有意去挑起争议。我们在这里所说的争议是指没有任何客套和掩饰的坦诚对话，有一些学者称其为“裸体交谈”。

当你提到这个话题时，许多创业者会精神一振，因为这正是他们所期待的东西，很多创业者说他们的团队将争议看做是从一起工作中得到的“额外补偿”。这听起来像杰里·斯普林格[1]主持的一个脱口秀节目，但其实这里我

① 美国著名脱口秀节目主持人。

们并没有说反话。这些坦诚的争议的目的并不是要进行人身攻击（尽管你可能需要一点厚脸皮），争议的焦点是问题，而不是人。那些寻求获得持久成功的建设者所点燃的实际上是一个在可控范围内燃烧的火焰。你一只手用火柴将火点燃，同时另一只手拿着消防软管。这样做的目的在于鼓励通过争议的方式从团队中激发出最好的、最富有激情和创意的想法。

争议为什么会如此重要？Safeco 保险公司的前任董事会主席和首席执行官迈克·麦克加维克于 2001 年接手该公司时，公司亏损近 10 亿美元，数年后他就使该保险业巨头恢复了元气，并创造了该公司历史上最高的盈利纪录。麦克加维克认为争议对于一个公司是必要的，可以用来平衡公司政治的负面影响，后者会对公司的生产效率和增长速度产生阻碍作用。

不为人们提供发表他们的创意和想法的机会，你就是在浪费他们的思想和才华。

在全力推动公司扭亏为盈的同时，麦克加维克希望“任何有想法的员工都把自己的想法说出来，并进行讨论。然后，我们需要达成一致看法，做出结论，继续前进，并依规则行事。要取得个人意见和组织共识之间的适当平衡，有很多艰苦的工作要做”。不为人们提供发表他们的创意和想法的机会，你就是在浪费他们的思想和才华。

和问题作斗争，而不是和你的同事作斗争

建设者不会避开争议，相反，他们将争议当做灵感的来源。如果你能营造一个安全的环境来暴露争议所涉及的问题，你就能建设性地发挥其力量，否则被压抑的争议将不可避免地成为有害的因素，最终影响到企业的发展。如

果团队能将争议控制在所涉及的具体问题上，建设者们是欢迎这种争议的。如果人们开始进行人身攻击，那么这样的争议就是不能接受的。

格洛丽亚·福克斯是美国黑人州立法委员会（National Black Caucus of State Legislators）的委员，自从她在1985年当选马萨诸塞州的代表后，几乎每天都要处理各种争议。“你可以通过给人们提供建设性的渠道，将自私消极的争议转变为积极的推动力，”福克斯说，“你可以给他们分配任务，当你让人做事情时，许多人都会抱怨，但他们的确需要给点事情去忙活。”

如果没一个出口对争议的事情加以疏导，这终将会成为一个破坏性因素，变成针对个人的人身攻击并妨碍组织的发展。更糟糕的是，避免争议会有可能使你失去激发有创造力的想法的最好机会。在每个项目开始的时候，这是问题的关键在于建设者要确保这场争议的重点是创造一些新的东西或能够解决问题，而不是针对争议的对方。

一片肥沃的土壤，但如果你不进行种植，它最终将变成一片荒地。

问题的关键在于建设者要确保这场争议的重点是创造一些新的东西或能够解决问题，而不是针对争议的对方。之所以将其称之为创造性的争议，是因为建设者认为这是一件非常好的事情。

避免自大的错觉

此外，有创新导向的争议可以帮助你的团队避免自大的妄想和轻率的自我肯定。“当我管理霍尼韦尔——一个产值20亿美元的子公司时，我可以很容易地扼杀争议，正如我可以很容易地鼓励争议。我发现那些缺乏争议气氛的团队相当于自己堵上了耳朵。”霍尼韦尔的前总裁比尔·乔治这样说，他也是畅销书《真正的领导力》的作者。“一开始，公司里有强烈的不同意见的人被大家看做是 prima donnas①——有时他们的观点是正确的，有时是错的，但你仍然需要倾听他们的想法和见解。相信我，那些不重视这个问题的公司会失去一些机会，因为他们没有去探讨其他的可能性，而这些其他的可能性中也许就有正确的路径。”

乔治说：“当我在霍尼韦尔工作时，作为 CEO 的过分自我的欲望偶尔也会妨碍我正确对待争议。我下面有 2 万多名员工，但我对国防工业这个行业的确没有太多的感觉。”但是，当乔治成为美敦力公司——一家医疗设备的制造商和分销商的总裁后，他一下就被吸引进去了，这是

① 意大利语，歌剧中的女主角。

“如果你暂时还没有找到适合你的角色，这没有关系，但是你要继续努力，不要停下来。”

他从来没有过的投入感。

“如果你暂时还没有找到适合你的角色，这没有关系，但是你要继续努力，不要停下来。当你找到合适的角色时，一切都会改变。其中的变化之一是你能获得信心来推动周围的人。”

创意之争的基本规则

建设者认为争议不仅是可以接受的，而且在会议等场合是必需的。使争议成为一个健康的辩论的关键之一是要有一套明确的基本规则。

沃伦·斯特利回忆说：“当我接任嘉吉的CEO时，我想为公司设定一套行为规范，目的是为了纠正当时我们一些非常糟糕的公司文化。当时公司的文化是，对于一个问题，先讨论，然后做出了决定，但最后又不认同这个决定，因此公司想让每个人都知道……我有时容忍了这种情况，其结果是我们花了很多时间与其他人再次讨论，再次决定我们是如何作出这一决定的。我讨厌这种情况，我遇到了好几次这种情况。我说，‘如果我在这里有足够的权威，说话管用，我们就应该停止这样做，’因为这对企业来说是一个真正的癌症。”

“所以我们说，‘讨论、决定、支持’，当我们走出会议室时，我们就要全力支持我们已经作出的决定。你可以回过头来说，‘这行不通’。如果真是这样，我们可以回过头去，我们可以改变已经作出的决定，我们可以调整已作的决定，我们可以作出重大的改变。但首先我们要全力以赴去执行已经作出的决定。”斯特利说。

争议不会对组织构成危害，除非你对争议不闻不问。建设者视有创新性的争议为一个永不停止的丰富的磨合进程，它激励组织在一个不断变化的环境中时刻采取行动。

为争议创造一个安全的时间和地点

许多公司在需要把所有的问题摆到桌面上来说的时候，会举行“畅所欲言”的会议。在一个提议的早期阶段鼓励争议可以帮助你发现问题，并在其变严重前加以解决。如果不能提供一个平台、时间或地点来讨论和解决这些问题，相对较小的问题最后也可能会对企业的发展构成大障碍。

但是，为争议提供时间和地点并不只是意味着召开很多的会议。弗农·希尔是正在迅速成长壮大的商业银行

（Commercial Bank）的首席执行官和创始人，他为员工提供了一个“争议按钮”，员工可以在任何时候按下这个“争议按钮”，提出他们的不同看法以改善业务。“我们有一个消灭愚蠢规则的积极政策，那就是在公司内部花钱鼓励大家消灭愚蠢的规则，”他微笑着说，同时用拳头轻轻地捶着桌子，“五十块钱就可以消灭一个愚蠢的规则”。这项创造性的政策向商业银行的员工提出了挑战，激励他们为客户提供更好的服务，使公司变得非常有活力。

有创意的争议是建造者所擅长的一种艺术

你可能会认为管弦乐队可以作为一个例子来说明高度授权和引导有创意的争议是一门高超的艺术。但是，“管弦乐队的成员大概是这个星球上得到授权最少的人，”波缺乏公开争议会滋生玩世不恭。

士顿爱乐乐团的本杰明·詹德说，“事实上，在哈佛大学做的关于各个行业的研究中，他们发现，交响乐团成员的满足感比狱警的工作满意度还低，这的确是一个令人悲哀的结论。原因是乐队的成员没有发言权，他们说了不算。”

詹德在45岁的时候获得顿悟。他意识到“在整个乐团，指挥是唯一不发出声音的音乐家”，他笑着说。“所以我做了一些激进的事情，”他说，看起来一副调皮的样子，“我把一张白纸放在每个音乐家的乐谱架上，当然，开始时他们大多数人都忽略了它，有的人什么都没写，但许多人写了。我认真地读了每个人写下的东西，鼓励他们把内心想说的话写出来。”

詹德坚持认为，缺乏公开争议会滋生玩世不恭。人们将表现出不愿意“被卷入最终会让他们再一次失望的事情中去。但如果你不断地给他们打气，你会发现，他们的愤世嫉俗消失了”。

当人们不能坦率地对话时，有创意的想法就会成为团队成员囤积的秘密资产，而不是能使团队变得更强大的共享资源。

注意、意图与争鸣

建设者们选择所投身的事业的同时也为了充实自己热情的灵魂，这就是他们的意图。他们的天才就体现在将所做的事和内心的激情结合起来。当你集中注意力，将你的思想和行动与你内心追求的意义保持一致，并明确你的意图时，你就可以从争议中收获成果。亚历克斯·冯·比德告诉我们，顾名思义激情是一种紧张情绪，就像痛苦和愤怒。冯·比德拥有纽约的四季酒店(Four Seasons Restaurant)，除了经营自己的事业，他还在美国和全球旅行，倡导关注男性的心理健康并推动心理治疗的发展。“当你理解了争议的本质，那么你就可以将争议为你所用，而不是以后将你伤害。”

你走进门，最好的想法胜出

iVillage公司的创始人坎迪斯·卡彭特很喜欢一种特别的会议，在这种会议上进行的头脑风暴听起来像一场冰球比赛。他说：“我们开了个会，出席会议的有董事、副总裁和高级副总裁，我也一直在那里。会议室里没有椅子，大家只能站着，但从来没有人愿意错过这个会议。甚至有人求我让他参加这个会议，在会议泛滥的世界里，这是很罕见的。这是一个战略会议，会议的规则是，你走进会议室，最好的想法胜出。人们喜欢这个会议，即使是最基层的员工在会议上提出的想法都远远超过我的预期，因为他们知道一旦他们的想法赢了，他们会直接影响公司的发展方向，这非常令人兴奋。”

不需要正确，需要有效

在最后的分析中我们想指出，问题的关键是要有效。获得持久的成功的人们的确执著于自己设定的长远目标，但一次又一次让我们惊讶的是，他们对于自己目标的执著并不妨碍他们听取和吸收有关如何达到他们的目标的各种不同意见，而这正是和问题作斗争的重点。

其他人的主张是建立在他们的经验上，而他们对自己天才来自于广泛吸收别人建议的“和”，而不是非此即彼武断的“或”。

的经验判断是基于特定的时刻他们所拥有的价值观和思想风格。有可能他们的观点有助于你更有效地达到你的最终目标，也有可能是你自己的观点更有效，但更可能的情况是，不同观点的结合将更加有助于你实现长期目标。天才来自于广泛吸收别人建议的“和”，而不是非此即彼武断的“或”。

3

逆流而上

它始于你，但最终的问题并不在你

没有你，世界将是一个更黑暗的地方

自信的作用被过度高估了

你这样想，才会这样做。

——安东尼·圣艾修伯里

“流行”这个词和内丁·斯托森的生活是不太相干的。“我是一名律师，我认为律师是一个好的职业，”纽约大学法学教授内丁·斯托森博士说，“但如果你看看对律师们的调查，尤其是对年轻律师的调查，说轻点，你会看到非常的不幸福、情绪低落和缺乏兴奋感，说严重点，则是严重的疏离感和挫败感。无论是华尔街知名律师行呼风唤雨的合伙人还是个人从业者都是如此。”

“我所见到的例外之一是那些致力于用他们所拥有的法律知识来践行自己的正义观念的律师，而斯托森的团队正是这样一个对正义充满了激情的团队。我们对正义是什么可能有不同的看法，但我们信仰正义，使用我们的专业技能来促进正义能给我们带来极大的快乐和满足感。这是一个‘好’的工作，同时能给我们带来乐趣。”她说。

“这不就是我们为什么从事这行的原因么?”斯托森耸耸肩说。她毕业于哈佛大学法学院，满心希望能够在促进她所信奉的民粹主义的正义上有所作为。“如果这是值得做的，那么你就要把它真正当做是值得做的事!”她接着说道。领导力并非始于你领导一个团队，领导始于作为个人时你提高你自己的能力——发展你的专长并追求卓越。

如果有某个律师的工作是不快乐的，你肯定会觉得她应该是斯托森。她作为美国公民自由联盟（ACLU）的主席，免费为民众提供法律服务。很难想象还有什么其他组织像美国公民自由联盟那样招惹来自各方政治派别的攻击。“很显然，我必须要对不公平的批评保持宽容的心态，实际上我发现这非常容易，”她声称，“这也许是因为被攻击的是一个机构而不是我个人。”但她承认，她作为个人也遭受过抨击。

斯托森说，“她并没有很厚的皮肤——不敏感，不愿意去想对方的批评中是否有一丝道理，是否有什么我作为个人或作为机构的领导者可以吸收的建设性建议。但我绝不会因为有批评就丧失了行动的能力。美国公民自由联盟的一些年轻或缺乏经验的雇员常常被这些批评所震惊，觉得打击了他们个人的士气，而我不这样看，我会给他们打气，鼓励他们继续前行。”

斯托森说她喜欢在美国公民自由联盟的工作，甚至愿意倒付钱给美国公民自由联盟来做这份工作。她很自信地告诉她的团队：“不要往心里去，你甚至可以将这些批评看做是一种恭维。他们之所以把你当做目标，是因为他们看到你正按照你自己的想法推进，而你的想法和他们的想

> 你必须是一个乐观主义者或理想主义者，否则你就无法前行。

法又非常不同。”

“在某些方面，我也可以借用罗纳德·里根在回应美国公民自由联盟对他的政策之一进行批评时所说的话，”斯托森引述总统的话说，“他说，‘我听说美国公民自由联盟批评了我。我（里根）把这个批评当成是一个荣誉徽章。’而我会说，当他（里根）的总检察长指责我们美国公民自由联盟是罪犯的庇护所时，我也把这个指责当做一个荣誉徽章。做我这种工作，你必须是一个乐观主义者或理想主义者，否则你就无法前行。但是，这份工作的美好和令人兴奋之处在于它能让你感觉到自己的力量。你越努力工作，你所从事的事业的正义性和有机会对民众做点实事的成就感就会让你感到越有活力。”

“我所理解的领导力这个概念并不一定要有一个头衔，但需要执行某一种行为。我用领导这一词时，更多的是描述你在做什么，而不是你所拥有的职位。换句话说，有些人拥有很有威信的头衔，这包括很多民选官员，但对我来说他们是颇为典型的追随者，而非领导者。他们受社会舆论的左右，并据此调整他们在相应问题上的立场。所以，我所推崇的领导者可以追溯到约翰·肯尼迪所著的《当仁不让》（*Profiles in Courage*）一书，这本书里记录的人物无论在顺境还是逆境中都有勇气坚持自己的信念。书里几乎每一个人物都曾在某个时候因为具有这种品质而失去了官职，但在我的眼里，此人不论是否继续当总统或参议员都是真正的领导者。”斯托森说。

那些寻求建立有意义的生活的人们都会投身于某个对他们来说非常重要的个人承诺，这种承诺对他们如此重要以至于他们愿意没有报酬的为其工作，尽管不流行也得做，不是流行才做，正如内丁·斯托森那样。

它始于你，但最终的问题并不在你

事实上，当你专注于你认为需要做的事情时，尽管不可避免地会有来自其他人的阻力，你也能坚持下去。玛瓦·柯林斯是一名学校老师，几乎每次她给其他教育工作者介绍她的新计划时都会碰壁。“直到今天，当我去一个学校实施我的方法时，我仍然面临非常大的挑战。很多教师不跟我说话，或持一种非常消极的态度。但这种态度并不是针对我的，而是因为他们不相信自己真是像我看到的他们那样杰出。”她说。

“所以我学会了从另一个不同的角度看问题，因为我觉得如果你老是把注意力集中在那些你所受到的委屈（批评）上，你就永远走不出阴影。如果你走不出阴影，你就不能发展,”她坚信道。她说,她遇到的阻力往往不是和她自己有关,而是和这些不配合者的自我感受有关。这些人的问题是,他们的事业在他们自己眼里没有魅力。

“我被其他老师嘲笑,”柯林斯感叹她早期作为一名学校老师的经历时说,“甚至校长也对我说,‘你的问题是你不能记住这些学生并不是你的孩子。他们来自各种问题家庭,你不能对他们寄予同样的期望。’”

柯林斯生于亚拉巴马州的一个贫困家庭,她渴望接受教育,并最终成为一个影响芝加哥公共教育事业的重要人物。柯林斯在教育“不可救药”的学生上取得了如此令人敬佩的成果,以至于里根总统和老布什总统都曾邀请她担任教育部长(但她却选择留在课堂上)。如今,她的教育方法在全美的数十个社区被当做榜样学习。

“当大家谈论的都是‘现在的孩子都怎么啦?’时,

我却不合时宜地告诉他们现在的孩子挺好的，这可不是他们想听到的东西。”因此，经过 14 年的抗争，玛瓦·柯林斯开始自己办学，资金都是她自己掏的。

没有你，世界将是一个更黑暗的地方

柯林斯认为，如果能让孩子们相信没有他们中的任何一个人，这个世界将是一个更黑暗的地方，那么他就可以改变世界。“在小说《白鲸记》（*Moby Dick*）里有一句话说，‘在这个什么都抓不住的世界，我们都需要抓住某样东西’，但我们没有给孩子们可以抓住的东西。你让他们抓住的东西总不能是电脑和电脑游戏、名牌服装，以及他们是多么可爱，他们是多么英俊。你要抓住的必须是一个人，无论你走到哪里，那个人也在哪里，这就是我们每个

> 你的自我能听到你内心告诉你什么对你才是重要的，它能告诉你什么事业或召唤才有点亮你生命旅途的魔力。

人的自我。”你的自我能听到你内心告诉你什么对你才是重要的，它能告诉你什么事业或召唤才有点亮你生命旅途的魔力。

当你可以坦然地接受你是谁的时候，无论是好是坏，你都可以全身心地拥抱你所爱的东西，你就会有更好的机会获得持久的成功。

“在培训时，我问接受培训的老师的第一个问题是，‘孩子们有什么问题?’我得到了一连串的回答，”她说，“我的下一个问题是，‘孩子们的父母有什么问题?’答案就更多。第三个问题是，‘你作为老师有什么问题?’当然，这次我得到的回答是完全的沉默。我们必须首先想想为什么我们不能帮助这些孩子？我们有什么问题？如果你一开始指责的是这些孩子、那些父母或某位校长，认为他们这样也不知道，那样也不知道。如果我们是以这种负面当你成就你的事业的时候，你的事业也同时成就了你。

方式开始，我们将永远没法真正帮助这些孩子。”柯林斯认为，你要问的“不只是你的事业能为你做什么”，而且要问你能为你的事业做什么。当你成就你的事业的时候，你的事业也同时成就了你。当你能有所作为时，信心也就得到了增强。

自信的作用被过度高估了

也许你认为要等你有更多的自信后再去投入持久的热情。其实，你应该现在就着手去做，做成一点事情后你自然就会获得信心。我们过度高估了自信的作用，有些罪犯在自信度测试上得分很高而一些伟人得分却很低。玛瓦·柯林斯希望父母、孩子和老师都知道他们都有追求卓越的能力。她不建议他们等到变得自信后再行动，她也不想让他们认为成功是某些人的专有权利。这不是你自信心高或低的问题，这是你工作是否努力的问题。

当一个学生交上一篇得分会很低的作业时，柯林斯不会认定这是很差的作业，给他不及格，然后就不闻不问了。相反，她会问："你是想这篇作业值50美分、50美元还是500万美元？"她告诉学生这三个结果他们都是可以做到的，关键是他们准备怎么做。

"我们常常教孩子，在怎么怎么之后，某人从此就过上了幸福生活，"她说，"这就让孩子们觉得可以走捷径或寻找简单的出路。这实际是一种欺骗，使得他们不愿意通过学习一种技能来获得更多的信心。我们没有教他们如何应对困难的情况，这就是为什么这些孩子们会互相残杀和毁坏学校设施。我们必须告诉孩子们生活也有艰难的时候，要教他们如何度过艰难时刻，要告诉他们生活不可能一劳永逸、一帆风顺下去。”

柯林斯说，要想走上成功之路，失败是必需的。这可能听起来是一个陈词滥调，但也是一个事实。柯林斯说，如果你尝试做任何值得做的事情，你就得准备犯错误。重要的是要意识到你也能成为冠军，要破除那些阻碍你这样想的成见。

自信来自尝试和失败、再尝试和再失败，然后是小小的成功和每次都做得更好一点。如果你的事业有足够魅力支撑你度过困难时期，并不断激励你释放你的激情，让你发挥出你自己都想象不到的潜力，你就会表现出这种坚韧。

4

平衡的生活是虚幻

做一件事情得到的最好奖励就是做那件事情本身

答案：很少是一件事情

平衡是扯淡

| 4 | 平衡的生活是虚幻

要找到你的人生使命，就是要发现你内心深处的欢乐和世界的深切渴望之间的交叉点。

——弗雷德里克·比克纳

当玛雅·安吉罗听到婴儿啼哭声的那一刻，她也禁不住同样哭了起来。这个可怜的16岁的单身母亲除了哭还能怎么办呢？然而，她绝望之下潜伏的坚韧、希望和动力最终将她引向了辉煌的成功。

玛雅·安吉罗后来成为第一个非裔美国畅销书作家（《我知道为什么笼中的鸟在歌唱》），我们这个时代最流行的在世诗人之一，艾美奖获奖演员和制片人，大学教授，奥普拉·温弗瑞的导师①，民权活动家和马丁·路德·金的门徒，也是第一个被美国导演工会接纳的非裔美

① 当今全美最具影响力的黑人妇女之一，她主持的电视谈话节目"奥普拉脱口秀"，平均每周吸引3 300万名观众，并连续16年排在同类节目的首位。

国妇女。

听过玛雅在1993年比尔·克林顿总统就职典礼上朗读她自己的诗的人也许知道她的艺术成就，但他们可能不知道，她在8岁的时候曾受到她母亲的男友的性侵害，在此之后的四年，她拒绝和她弟弟之外的任何人说话。他们也不会知道，为了生存和抚养她的儿子盖伊，她曾当过旧金山缆车司机，在夜总会跳舞，在克里奥尔咖啡店做厨师，在汽修店给车身除漆，甚至曾在一家圣迭戈的妓院当过鸨母。

安吉罗从她出生和成长的黑人小镇——阿肯色州斯坦普斯到她今天的辉煌成功，走过了漫长的道路。如果说她的成功有什么诀窍的话，那就是她找到了很多种方法来充实她的灵魂。

“你不能只是坐在场边哀叹自己被社会抛弃，这不行，”她说，“我们的体验，我们的一生，我们都只能拥有一次。”

生命并不仅仅意味着你到这个世界上来兜了一圈，这种看法是没有责任感的。当安吉罗遇到阻碍她梦想的绊脚石时，她的应对方式和很多取得持久成功的人们是一样的：寻找新的角度来看待这个问题。“如果我不喜欢我看到的东西，我就试着去改变它，如果我不能改变它，我就改变自己看待问题的角度，当我从另一个角度去看这个问题时，我也许就可以改变它了，或者我可能会从中发现一些能为我所用的好东西，这可能使情况发生改变。如果你发现世界没有按你想要的方式运转，如果你尽你所能仍无济于事，那么，你就应该改变你看问题的角度。”

做一件事情得到的最好奖励就是做那件事情本身

被问及当她持有上述观点时，她是否意识到她已经能对这个世界产生影响了，她告诫说："这样想是不健康的。最好不要那样做。你做一件事情得到的最好奖励就是做那件事情本身。"当人们告诉她喜欢她的作品时，她仅仅简单地说声"谢谢"。当有人称她是"骗子"或其他更难听的说法时——这些她都经历过——她也说："谢谢"。如果她陶醉于奉承，这会使她容易受到外界舆论的左右，那么当她听到严厉的批评时，她就会很容易动摇。

成名后受到的无论是奉承还是攻击，对你实现自己的目标都没有好处。安吉罗认为它们都有可能会干扰创造性

> 我不把它捡起来，我也不把它放下去。因为，如果我捡起这个（恭维），我也得捡起另一个（嘲讽）。

的工作。“正如非洲谚语所说的，我不把它捡起来，我也不把它放下去。因为，如果我捡起这个（恭维），我也得捡起另一个（嘲讽）。我哪里有这么多时间，我还有自己的工作要做！”安吉罗这样说道。

如果你认为成功能让你变得正确，那么成功可能是发生在你身上的最糟糕的事情。如果你抱着自以为是的心态，你就不会经常停下来听听别人的建议，思考如何才能进一步提高自己。传统意义上的成功并不一定意味着我们是对的，只是意味着结果是受大众欢迎的。如果你依靠公众告诉你该如何去感受，你一定会受苦，而不是享受生活。

安吉罗创建了不平凡的事业，无论别人是否给她很好的评价，她也创造了一个对她自己具有重大意义的生活。与此同时，她还给这个世界带来了持久的影响。她的成功并非一帆风顺，她也曾因为追求自己大胆认定的成功而受到惩罚。现在，在她80多岁的高龄时，她仍然同时是争议和敬佩的目标，她也仍然大受欢迎。

玛雅是如何保持如此多产并取得持久的成功的呢？她说这是因为她有多种激情。很少有人在如此多的不同兴趣上做得这样出色，但安吉罗认为，如果她不沉浸于这么多的兴趣，她可能任何成就都无法取得。安吉罗热爱的东西包括：舞蹈、唱歌、表演、写作、教学、文学、日落、春雨、美食以及好友，这个单子还可以继续下去，而且单子上的东西彼此之间看起来并没有明显的紧密关联。

虽然建设者的生活常常被一种激情所支配，并且他们不认同世人对成功的理解，但如果你认为他们生活中只有一种热情，并为此牺牲了所有其他的追求则是个误解。

答案：很少是一件事情

在电影《城市乡巴佬》（*City Slickers*）中，杰克·帕兰斯告诉比利·克里斯特尔关于生活的秘密。他伸出一根手指，好像是在传递一个古老的智慧："只有一件事情。"

观众觉得非常感动，带着电影里的答案回家去了。但这个答案不过是一份快餐，目的是满足我们期望有一个神奇药丸服用后就可以永远过上幸福快乐日子的幻想。但如果你否认自己生活中的一切其他追求，这种想法也是巨大挫折的来源。

在组织中，通常需要将重点放在一个核心竞争力上——一个你的团队比别人做得更好的地方。同时，对个人而言，在你的事业上有一个你愿意全身心投入的重心也不要把这种重心和一个狭隘的生活混为一谈。

很重要，这一点本书中我们随后还会讨论。但不要把这种重心和一个狭隘的生活混为一谈。建设者可能看起来像戴着眼罩奔跑的赛马，一心一意奔向目标，不受外界干扰。但实际上大多数建设者的生活充满了许多不同的个人追求，极为丰富和宽广。那种认为世界上只有一件事情值得你去做的想法是不会得到很多人赞同的。

平衡是扯淡

具有讽刺意味的是，一方面，我们的社会坚持一个人应该一生只投身于一件事情，另一方面，同样的文化规范要求我们有一个“平衡”的生活，即将生活分割成若干整齐的小块。这意味着我们需要把时间和精力划分到不是一件，而是至少四件事情中去。这里的问题是人们认为存在一个正确的答案，例如应该按某一比例将时间分配给工作、家庭、社会，及其你自己，如果你有幸还能将你自己也包括在这里面。

当被问及如何看待生活的平衡时，基思·法拉奇[①]毫无顾忌地说："所谓平衡的生活是扯淡！"你的脑子里的声音可能会回答说："他说得不对。"那么，那些想要建立一种有意义的生活的人是怎么看待这个问题的呢？他们的看法基本上是这样的：如何理解"平衡的生活"是由社会文化决定的，所谓的平衡其实是扯淡。作为一个流行的概念，它和那种认为你的生活中只有一种激情的看法是一样的，这种看法认为当你知道它是什么的时候，你就可

---

① 基思·法拉奇（Keith Ferrazzi）是美国畅销书《千万不要单独进餐》(*Never Eat Alone*: *And Other Secrets to Success*, *One Relationship at a Time*)的作者。他还是 Ferrazzi Greenlight 公司的创始人和首席执行官，这是一家咨询培训公司。

你追求的平衡应该是一种有意义的事情的组合，而不是事情的平衡组合。

以获得生活的幸福，但现实很少是这样的。

如果你把“平衡的生活”定义为将生活平分为4~5个理论上合理的部分，那么公司的CEO和董事长们没有平衡的生活，大多数诺贝尔奖获得者也没有平衡的生活，纳尔逊·曼德拉、马丁·路德·金和特里萨修女都没有平衡的生活，我们可以将这个名单继续下去……但你知道我这里想说的意思：很多获得持久成功的人，他们的生活都是赐予这个世界的礼物，他们从来没有认为平衡是一个主要问题——不是因为他们拥有高超的处理技巧，而是由于他们都忙于做那些对他们重要的事情。

每个人在某些时候都会面临这种挣扎。如果你感觉因为不能平衡生活而有一丝内疚，有可能你想要的其实不是更多的平衡，而是需要更多的你不愿承认的东西。你追求的平衡应该是一种有意义的事情的组合，而不是事情的平衡组合。平衡的生活之所以如此痛苦和难以捉摸是因为这不是你真正想要的。你渴望的是有一个地方来安放你所有的激情，而不是大众文化所定义的平衡。

感觉迫切需要平衡的生活的人可能真正想要的东西其实和平衡本身无关，他们实际的意思是“你没有大块的时间来做你真正感兴趣的事情”，英特尔的创始人之一和以摩尔定律闻名于世的戈登·摩尔这样说道。除了喜欢和数字打交道以及在硅谷从事技术发明，这个善良、朴实的亿万富翁对其他许多事情都有着激情并投身于其中，如慈善事业、钓鱼运动、教育以及拯救地球。你需要的平衡实际上可能意味着你要在工作、孩子或钓鱼上花费 80% 的时间，这样分配比例的结果很少会让人感到“舒适”。你需要的平衡也可能意味着去做一个全职太太，一个人专注于翻新 T 型车，和你的好朋友一起去中世纪城堡探险，或者为仁人家园①粉刷房子。

问题的关键是看是否有一个被忽略的激情驱动你想获得平衡生活的愿望，而不是受社会文化的影响想去取得一种理想中的平衡感觉。当你对自己说，你需要更多的平衡时，问问你自己：如果你实现了这种平衡，你会去做什么你现在没有在做的事情？很有可能是一个被忽略的激情正在呼唤你。注意，你真正需要的是回应你的激情。要明白你体验到的平衡可能会随着时间而改变，而且在其他任何人看来也不一定平衡。

你没有必要将对你有意义的每一件事情都变成你的事业，但是你的确需要找到一个地方来安放一切有意义的东西，这才是你需要寻求的平衡。

① 仁人家园（Habitat for Humanity）是一家致力于消除贫穷住屋问题的国际非营利组织。30 多年来，兴建及修葺超过 30 万间房屋。至今，约 150 万人住在仁人家园所建的住所中。

5

争取优秀，追求卓越

无论你做什么，都要做到优秀
爱你所做的事情
试试用这个实用的方法来进行深度练习

无论你做什么，都要做到优秀

艾德·彭霍德不算是一个天生有魅力的男人，至少在他对你谈论那些对他有意义的事情之前，你感觉不到他的魅力。但当他一开始讲到他的事业，他充满激情地侃侃而谈很能把你吸引进去。

艾德在 20 世纪 70 年代是加州大学伯克利分校生物化学系的教授，1981 年，他与别人共同发起创办凯龙公司（Chiron Corporation），随后成为了一个非常成功的企业家和领导者，并担任该公司的首席执行官直到 1998 年。凯龙公司的科学家于 1984 年成功地为艾滋病毒的基因组测序，并在 1987 年发现丙型肝炎基因组，凯龙一直是医学研究领域内致力于突破性发现的领导者。

当你在一件事情上做到优秀时，机会之门就会在你的面前打开。

在一次对他的采访结束后，我问艾德对刚毕业大学生的职业生涯有什么建议。他舔了舔嘴唇，说："我很高兴你问这个问题！"然后令我惊讶地（记住，他是一个科学家）说道："我特别相信幸运饼干①！当我还是伯克利的教授时，我曾经得到的一个幸运饼干上写着，'无论你做什么，都要做到优秀'"。

"对我来说，这是我唯一可以给任何人的建议。当你在一件事情上做到优秀时，机会之门就会在你的面前打开。大家都愿意和你一起工作，人们就会把机会提供给你。你不必去寻找机会，通常，机会自己会来找你。"他说。

"成功永远是建立在做好今天你手头工作的基础上

① 一种美式的亚洲风味脆饼，通常由面粉、糖、香草及油做成并且里面包有写着类似箴言或者含混不清的预言的字条。在美国及加拿大，幸运饼干在中国餐馆里作为甜点提供。

的，而不是对你今天还不是 CEO 的处境心怀怨恨，”彭霍德说道，“事实上，这是一个很多人都没处理好的问题，特别是在 MBA 毕业生中尤其突出。他们都认为因为他们有了 MBA 学位，就应该在下周至少晋升到高级副总裁，但他们需要做的是证明他们其实可以做好一件事情。在我自己的生活中，我发现，那些总是对他们生活中下一步该怎么走焦虑不已的人，很少能真正走到下一步。”

“不要有这样的心态，因为如果你总是担心下一步，这会妨碍你做好你目前的工作，”彭霍德说，“在人们的眼里，你要么是个能把工作做好的人，要么是个不能把工作做好的人。你如果没有把工作做好，在人们的印象里你不是没把某个工作做好的人，而是一个做不好工作的人。”艾德认为，无论你现在做什么，都要决心做到优秀，这是取得成功的一个关键。

机会源自专业知识，而非仅仅是靠运气、天赋和激情。

机会源自专业知识，而非仅仅是靠运气、天赋和激情。如果你发现自己努力工作的目标是无法到达的、没有快乐可言的或会引发斯蒂芬·金的恐怖电影中的那种苦难，那你就应该意识到这是一个信号——你应该转向。

一两个星期后，我在爱丽丝·沃特斯位于伯克利的餐厅 Chez Panisse 采访了她。该餐厅于 2001 年被《美食家》杂志提名为全美最佳餐厅，法国的《美食与烹饪》杂志在 1986 年将爱丽丝列为世界十大顶尖大厨之一。

我问爱丽丝她是如何为自己定义成功的，她回答说，她从来没有想过自己会成功，她仅仅是全力以赴，把对自己很重要的事情做得非常好。

在我采访过的人当中，当他们提到“要致力于优秀”这个话题时，他们会谈到当你在对你很重要、你所热爱的事情上能做到优秀时，就会产生一种转化能力。他们认为当在某件事情上致力于优秀时，能让生命发生变化。爱丽丝·沃特斯觉得让高中和大学的年轻人懂得这个道理是非常重要的。

同时，另一种情况也值得注意。人们常常怀着敬意，有时几乎是崇拜的心情使用“优秀”这个词。他们没有以同样的方式使用“很好”（great）这个词。“很好”在现代语言的使用中已经失去实在的意义。“哦，他很好”，究竟是什么意思？“这是一杯很好的咖啡！”是为你现磨、现烧的咖啡么？很可能不是这样。我可以继续举出更多的例子，我想说的意思是，在口语中，“很好”这个词已经与在某件事情上做得真正出色没有关系了。而优秀这个词仍然强调了这一点，“优秀”是有深度的，需要身心的投入。“很好”这个词已经退化成为一个可以随便使用的形容词。成为一个优秀的人意味着你的内心得到充实。在我们这个嘈杂的世界里，这是一件安静的事情。

在我岳父 85 岁的生日晚餐上，有很多和他年龄相近的客人。我注意到，在场最有活力的老人是那些仍然致力于在对他们重要的事情上做到优秀的人。在孩子身上我们也有同样的体验，当孩子们惊讶地发现他们在做抓住他们想象力的事情的时候是可以多么优秀时，我们也会不禁为之感动。

演员萨莉·菲尔德在一次关于领导力的对话中显得很兴奋，她这样说道："在你热爱的某件事情上做到优秀，这是你可以成为一个领导者的唯一方法。有谁会早晨醒来，这样问自己，'我应该是去读书还是该去当一个领导者？让我想想，我今天该做什么？我觉得我今天应该出去当领导。'这是不可能的吧？没人会这样。有时候你成为领导者纯属偶然，在你不懈地追求和奋斗，并和面临的障碍抗争无数次后，有一天，你抬起头来，说道，‘好吧，我已经这样做了，我已经那样做了’，大家就会转向你，说道，‘你来领导我们吧！’”

爱你所做的事情

近年来，我听到很多人都谈到要爱你所做的事情的重要性，但大多数人只是口头上说说。当然，做你所爱的事情是非常好的，但从现实来看，我所知道的大多数人都不认为他们有这么好的运气。

这不是一种幸运，事实上，这是必需的。不做你自己喜欢的事情是危险的，这对你是一个真正的坏消息。现实的情况是，如果你不爱你所做的事情，你将会输给从事自己所喜爱的事情的其他人！每一个对自己的工作或关系三

“你不爱你的工作也能生存下去，但你就会是第二流的。”

心二意的人，都会有另一个人对前者三心二意的东西全心热爱。此人会更加努力，花更多的时间，并会超越你。虽然死守自己不太喜欢的工作会让你感到更安全，但你会发现你的能量会逐步耗尽，你猜怎么着，当裁员的时刻到来时，你将是名单上的第一个。

“你不爱你的工作也能生存下去，但你就会是第二流的，”克拉拉·亚当斯·恩德说，“在你的职业生涯中，如果你不知道为什么会去做一个工作而去做一个工作，这会消磨你的动力。”不充分投入一个工作是危险的，如果你想在你所做的任何工作上获得最终的成功，那么只有热爱才能将你带到那里。

沃伦·巴菲特在成为通过投资赚钱的代名词之前就非常喜爱他从事的工作。今天，他是地球上最富有的人之一。“我一直很担心人们说，‘你知道，我会做这个工作十年。我真的不太喜欢这个工作，但我会再做十年，然后……'我的意思是，这有点像现在少过性生活，节省下来留给你老了的时候再过。这不是一个很好的想法。”巴菲特笑着说。

问问你自己：“我真的在做我喜爱的事情吗?”另一种得到答案的有效方式是问：“在工作中，我是否每天都有机会做我最擅长的事情?”假如对上述问题的回答是“是”，那么接着问下一个问题：“你真的知道如何将你热爱的事情做到优秀么?”这也许是为了获得在全球市场的终身就业能力你所需要发展的最核心的技能。令人惊讶的是，即使是在某个领域取得了卓越成就的人往往也不能准确地阐明他们是如何做到这一点的，他们只是做到了。有时出于好意，他们会很乐意告诉你他们自己是如何做的，但是实际情况和他们告诉你的不是一回事！这并不是说他们试图将你引入歧途，而是他们自己也没有意识到他们在追求卓越的过程中的确切细节。

是什么让“老虎”伍兹成为如此出色的高尔夫球手？是什么原因让巴菲特成为世界上首屈一指的投资者？我们认为我们知道：他们每个人生下来就有做他们后来从事的事业的天赋。正如巴菲特不久前告诉《财富》杂志说，他“生下来就是为了做投资的”。尽管我很尊重沃伦，但就这一点，我还是得说他错了。

那种认为少数人在基因遗传时中了大彩，从而在这个充满机会的世界里生下来就带着别人没有的天才的观点是一种神话和有害的无稽之谈。之所以是神话，是因为神话是你内心深处的一种信仰，是你内心世界的一部分，但与外部现实并不一致。之所以是有毒的，是因为如果你相信这一点，你会失去追求卓越的动力，浪费自己一生中可能存在的种种机会。

让我们来看看实际情况是怎么样的。K. 安德斯·埃里克森在1996年曾经编辑发表过一个研究，该研究的结论后来被马尔科姆·格拉德维尔在其畅销书《异类》(*Outliers*）中总结为“一万小时定律”而广为人知。这个研究告诉你，你不是天生的“屠夫、面包师或做烛台的人”，也不是天生的经理、非凡的领导者或世界级的什么人物。你不具有从事某一个职业的天赋是因为这种有针对性的天赋并不存在。

但是，格拉德维尔并没有强调这个定律所包含的一个隐含信息。你投入了一万小时来做某个事情，但可能仍然不能做到世界一流，甚至做不好。你最近去过高尔夫球场吗？不用多说，要想真正做好一件事，你必须经过埃里克森所说的“刻意练习”。简单地说，刻意练习就是如果你做一件事情时，有意识地去争取每次都做得更好，这需要自我管理的能力和高度的自觉意识。

让我暂时回到高尔夫球这个话题。到高尔夫球场去，按照半正规时间表打一筐球不属于刻意练习，这也是为什么大多数高尔夫球手并没能够掌握很高的球技。用8号铁球杆击球300次，争取让80%的球落在旗杆周围20英尺的地方，不断地观察你击球的结果，并做出适当的调整，每天这样练习几个小时，这才是刻意练习。任何领域最优秀的人都是在刻意练习上花时间最多的人。这就要求你找到一个方式来提高你的能力，使你能超越你现在的水平。同时，你自我提高的努力必须是能够看到反馈结果的，并包括高度自我意识下的反复练习。

显然，这需要高度的自律，同时还需要在练习的过程中培养出高度的自觉性。原因是这样的，在和成功人士的

在和成功人士的交谈中，我发现他们能够识别他们热爱的领域中各种构成因素的细微差别，而这是我们其他人根本无法做到的。

交谈中，我发现他们能够识别他们热爱的领域中各种构成因素的细微差别，而这是我们其他人根本无法做到的。我是赤道地产咖啡和茶叶公司顾问委员会的成员，这是一家由两个精干的女性经营的公司，她们为世界上一些最好的餐馆提供烘焙后的咖啡，包括托马斯·凯勒的法国洗衣和餐饮集团。我很喜欢的一款有机咖啡——意大利浓咖啡的简要说明是这样的："栎树的基调加上一点香料（肉豆蔻）和无糖可可的味道，口感爽滑、细腻"。罗伯特帕克咖啡公司的肯尼斯·戴维斯对他们来自西埃塞俄比亚的阿尔塔翁多咖啡的描述则要更详细一些："杉木的辛味，能感觉到坚果和巧克力的香气；丰富的酸度，轻微的糖浆口感；一片柠檬给整杯咖啡定下微酸的基调，辅之以绵绵不绝的坚果和巧克力香气；口感深润、悠长。"你能在你早上喝的咖啡中辨别出这些区别么？回答很可能是不能。我喜欢咖啡，我花了五年时间在赤道公司培养我对各种咖啡的了解和品鉴水平（相当于品酒）。即使如此，我永远达不到肯尼斯·戴维斯那样的专业水平。但另一方面，我对自己能成为咖啡世界的一个行家感到非常自豪。

能识别这种细致区别所要求的认知水平是“老虎”伍兹的高尔夫球技和居住在伯克希尔·哈撒韦的巴菲特的投资才能的关键。要成为你所在意的任何领域的杰出人士，你都必须发展出超乎寻常的认知水平。这种认知水平是在深度的刻意练习的过程中发展起来的。做到这点不容易，如果容易的话，那么，正如人们所说，“每个人都会这样做。”

你不是生来就擅长做某一特定的事情，但你可以学会擅长做几乎任何事情。和这种看法一致，天赋被定义为某种高效的思想、感情或行为模式。在任何领域取得世界级的成就都要求你具有世界一流天赋。虽然你可能仍然坚持那种看法，即天赋是为少数人特别保留的东西，但几乎我们所有人都有某种高效的思维、感觉和行为方式，或我们肯定能够发展这些方式。在你所热爱的领域这样做是通向终身的成功和快乐的秘密。

科学以及生活中的绝大多数证据似乎都支持要获得世界级的成就，就必须通过刻意练习培养自己的天赋。在丹尼尔·科伊尔所著的《天赋的密码》一书中，对具体如何成长为某个领域的杰出人士有着非常实用的描述。科伊尔自己造了一个词“深度练习”来表达埃里克森的“刻意练习”的意思。我更喜欢“深度练习”这个词，因为它更好地描述这种活动的性质。获得持久成功的人士在他们投身的领域内都具备了惊人的深厚的专业功底和技能。

在艺术和体育领域，练习是一切的根本。但如何在商业领域进行深度练习呢？事实上，商业领域的很多元素都适合深度练习。演示、谈判、提供评估和解读财务报表，这些都是可以练习的事情。优秀的管理者和领导者需要在一个不确定的世界里依靠不完全信息做出判断和决定，与人互动，以及拥有各种所谓的“软”技能。这些东西你能通过练习获得么？答案是可以的，虽然和你在钢琴上练习巴赫组曲的方式有所不同。

因此，你所需要做的是将你已经在做的事情转变成一种深度练习。为此，请做出以下关键的改变——为你正在做的各项工作增加一个额外的目标，不要仅仅追求把工作完成，要追求把工作做得更好。

任何人在工作中做的任何事情，从最底层到最高层的任务，都会涉及通过练习可以改进的技能。要改进自己的技能，你就必须逼迫你自己超越你自认为的极限，进入所作为一名经理和领导者，可以说你最重要的工作就是培养天赋，然后使之转化为绩效。

谓的“绩效区”，这时你会犯错误，然后改正错误。作为一名经理和领导者，可以说你最重要的工作就是培养天赋，然后使之转化为绩效。你自己这样做，你要求别人这样做，你要求你的团队也这样做。

带着深度练习的心态，人们以一种新的方式从事工作。例如，当业余舞蹈爱好者上课和练习时，他们经常说他们跳舞纯粹是一种乐趣，为紧张的情绪提供了一个释放渠道。但对于专业舞蹈演员来说情况则不同。他们进入了一个高度专注的状态，对错误抱欢迎的态度，并在课程和练习中努力提高自己的水平。他们发展出了一套系统，这套系统在技术上被称为一个反馈回路系统，可以用于跟踪他们的进步。有些时候，要取得进步似乎显得非常痛苦或不太可能。这是你必须热爱你所做的事情的另一个原因，只有热爱它你才能有动力走完从痛苦到收获的艰难历程。

在一般人的眼里，业余爱好者和专业人士似乎是在从事同样的活动，然而，他们的心态是不同的，因此，结果也完全不同。

反馈是至关重要的，在职业体育比赛中，反馈体现在每一场比赛中，以及你打出的每一杆球上。你投篮要么投中，要么投不中；你要么把球打进了洞里，要么没有打进洞里。在商业和生活中，反馈也是同样的重要，而且得到反馈应该不是一个问题。然而，大多数人并不主动关注反馈，甚至可能会想方设法来回避反馈。你应该积极争取从有资质的人士那里获取反馈。在个人的自我管理过程中，设定目标被认为是至关重要的，我们大多数人被告诫要为自己设定目标，说这是成功的秘诀。不过当你问为什么时，你得到的答案大多是没用的。

但目标确实很重要，要学会设定小目标来衡量朝着大听从你内心的召唤，无论你做什么，都要争取做到优秀。

的目标方向前进取得的进步。人们对设定目标在这方面的作用还理解得不深。这样设定的小目标可以用来检测深度练习带来的进步。当你第二天发现你自己比头一天做得更好的时候，你会获得更多的满足感，通过设定渐进的目标来跟踪深度练习的成效会让你感受到这一点。人们都一致说，一旦他们在某一个他们喜爱的领域通过深度练习来追求卓越时，他们立刻能够在生活中体验到更丰富的东西。

我并非是在这里鼓吹人人都要不惜余力地成为伟大的人物，我只是建议我们很多人应该做到优秀。人们对这个建议可能会嗤之以鼻，但说真的，我们都需要创造生活，而不仅仅是谋生。在任何情况下，找到并追寻你的激情，通过自律的深度练习使自己做到优秀，这会使你的生活变得更美好。这个世界需要那些擅长于做他们喜爱的事情的人们，听从你内心的召唤，无论你做什么，都要争取做到优秀。

试试用这个实用的方法来进行深度练习

1. 对你在意的事情制定一个明确的目标以使你能做到优秀。

2. 制定一系列可以实现的“小目标”来检测你的进步。

3. 当你从事一项活动时，要意识到你在做什么以及你为什么以现在的方法来做这件事情。对错误要持欢迎的态度，后退一步然后找到一个更好的前进道路。

4. 在从事该项活动时和从事该项活动之后，从各方面收集对你的表现的反馈。如果必要，对你的行为做出调整。

5. 在你建立针对你的行业、公司、事业和生活的思维模式时，不断发展你识别细微差异的能力。扩展你的思维模式以识别更细微的差异。

6. 有规律地做上述步骤，而不是间歇性地做。零星地做几次不起作用。

7. 找到一些在他们热爱的领域内为了追求卓越也在进行深度练习的人，和他们一起进步。

6

招募你自己的梦之队

建立持久的关系
你的员工决定了你能取得的成就
听其言，更要观其行

每个人都是你的梦之队的潜在成员。

建设者——那些因为想过一种有意义的生活而做事情的人——会有一种离奇的想法，那就是他们遇到的很多人都是他们的社会关系或团队的潜在成员，比如未来的新员工、客户、供应商、志愿者或者是朋友。即使是已经离职的员工在他们眼里也是如此，因为这些离职的员工在下一份工作中就有可能扮演上面的角色之一。那么我们要问：如果你事先知道你们之间会保持长久的关系，你和他人一起工作时的行为是否会发生改变？如果你的同事、供货商、客户一直都会是你的邻居，或者是你愿意一直交往下去的有才干的人，那你准备如何建立和他们的关系？

你不可能完全躲在一个虚拟的世界里。无论你希望维持的关系是短期的还是长期的，良好的还是不好的，你都有可能遇到同样的人。拥抱这个现实可能会改变你的生活。想想，每个人都是你的梦之队的潜在成员。

建立持久的关系

如果你希望获得持久的成功，那么你最好假设你周围的人扮演的角色会发生变化——有时他们是你的员工，有时你是他们的员工，有时他们离开你的组织成为你的客户、供应商、监管你公司的政府部门的人员或你的竞争对手，你应该考虑如何基于这种变化建立持久的关系。但是，如果你把他们看成是你的虚拟“团队”的一员，那么，唯一的变化就是他们的角色，你和他们的关系始终保持不变。

当然，你不可能赢得所有这些人的友谊。你不可能，甚至也不愿意将每个人都保留在你的团队里。但是，如果你观察那些获得持久成功的人士是怎么做的，以及他们的当你相信你的关系能持续时，你就会珍惜这种关系。

人际网络如何变得越来越广和越来越深，你会发现他们中的多数人都很珍惜他们的人脉关系。他们尽量将有能力的人留在他们的虚拟团队里，不论这些人实际上去了何处。

如果你认识到人们的角色会随着时间发生改变——员工、志愿者、客户、供应商、邻居等，但你的团队网络不会变，那你就是以长远的眼光来思考，并将建立起能长期持续的关系。当你相信你的关系能持续时，你就会珍惜这种关系。

你的员工决定了你能取得的成就

建设者们似乎喜欢不厌其烦地强调招募和关怀有才干

的人来帮助自己实现梦想的重要性。拿破仑·希尔[①]曾经建议他的粉丝建立一个智囊团来分享共同的兴趣和志向，无论这种兴趣和志向是有关家长教师协会，还是有关教堂或一个大公司的管理。

我们采访过的建设者都十分强调人才，他们非常希望自己在学校或职业生涯的早期就认识到这一点。他们不厌其烦地、一遍又一遍地说他们花了大量的时间寻访那些他们称为顶尖的人才、领导者、推动者、优秀的管理者、五星级的管理者、天使、圣人等各类优秀人才，尽力将他们纳入自己的团队，为他们的才干提供用武之地。这些人都支持建设者的梦想，或者是自己已经在践行类似的梦想。建设者毫不吝啬地用各种顶级的词汇来

① 美国人（Napoleon Hill，1883—1969 年），全世界最早的现代成功学大师和励志书籍作家。

描述这些人。这听起来像是老生常谈，而实际情况也的确如此。如果你听过CEO们在企业的年会上的讲话或宣读的年度报告，你肯定会听到员工是企业最宝贵的资产等等的陈词滥调。

听其言，更要观其行

事实上，大多数人都会信口开河，但是这并不意味着所有的人都是如此。有一个办法可以告诉你如何分辨真假，这就是我所谓的波拉斯原则："不要相信嘴上说的，只相信实际做的。"观察那些获得持久成功的人士的行为，你就会看到其中的差别。他们都是言行一致的人。人们会通过比较你的言语和行动来判断你的价值观和性格，言行一致能给你带来最好的结果。虽然有时为了政治上的权宜之计而口是心非是很有诱惑力的，但建设者们发现当他们的核心价值观、言语和行动一致时，他们会觉得自己是在正轨上。毫不奇怪，这也能吸引同样的人加入到他们的团队。

坚持你所知道的东西当然是正确的，但当你不知道的时候，你就应该照实说。事实上，当建设者们被问到一个他们不知道答案的问题时，他们大多数人会说一句你在电视的黄金时间上永远听不到的话（也许是已被联邦通讯委员会 FCC 禁止的话），这也许是任何人在公共场合能说出的最勇敢的和最有挑衅的话：我不知道。

虽然一开始这句话让人听起来不放心，“我不知道”是一个可以用来识别这个世界诚实的人和取得持久的成就的人的代码，它是诚实的一个秘密代码。当人们问到一个你不知道答案的问题时，先要显得很诚恳，然后当人们屏住呼吸俯身过来等待着你的智慧解答时，你说："我不知道。"这能创造奇迹，并开辟了一个空间，使大家觉得有必要学习。

很多建设者拥有世界一流的头脑，但实际上仍然对大多数东西知之甚少或一无所知。但重要的是，他们知道对他们很关键的东西。建设者们将注意力集中在对他们至关重要的事情上，在这方面，他们了解了很多。他们也非常清楚他们不知道的东西，这就是为什么他们会将那些顶尖的人才、领导者、推动者、优秀的管理者、五星级的管理者、天使和圣人纳入自己的团队，并为他们的才干提供用武之地的原因。

7

紧紧抓住你的梦

激情不是一个无关紧要的东西
追求有意义的生活的人们拥有一个共同的价值观

生活的目的不是寻欢作乐。生活的目的是要成为一个有用的人，一个受人尊敬的人，一个富有同情心的人，将你自己过去的惬意人生做一些改变吧。

——爱默生

足球有时是比较野蛮的。理查德·布兰森在听到一声恐怖的尖叫的瞬间还以为是其他某个队员受伤了，随后他立刻意识到受伤的不是别人，正是他自己。他感到膝关节都被撕裂了，当他在地上慢慢滚动时，强烈的疼痛感蔓延到整条腿，然后就再也动不了，他规划好的未来也随之破灭。

在读写障碍中挣扎了数年后，理查德意识到他要是能顺利从高中毕业就算是幸运了。因此，和许多在学业上遇到挫折的孩子一样，他曾希望凭体育奖学金上大学。但现在，这些都是破碎了的梦想，这比他的膝盖伤更让他痛苦。

理查德设法站了起来，但他再也无法去读大学了。当他向高中文凭奋斗时，他的校长说："我预言，你要么去坐牢，要么成为百万富翁。"事实上，他曾因为逃避关税被短暂监禁过。在重新思考了什么才是他生命中真正重要的东西后，理查德改变了对自己处境的看法。他热爱摇滚乐与派对，因此，他以无限的热情将随后的 20 年奉献于其中，并成为了这两个领域的风云人物。这个有阅读障碍的年轻人无法学好写作，但充满了讽刺意味的是，他 16 岁辍学，在 1968 年开办了一本英国杂志《学生》。他四处恳求获得采访的机会和招募志愿撰稿人，这些人寻找任何借口去和摇滚明星混在一起，甚至一起喝酒和抽大麻。

理查德没有钱为他的杂牌军租用办公室，他最后选择的落脚点是他负担得起的地方：一个免收租金的教堂地下室[①]，里面的坟墓被用做临时办公桌。此处令人毛骨悚然的阴森之气很快就被他们的到来一扫而空，他对娱乐、狂野派对以及在音乐圈子内建立朋友关系的激情将他的团队推向了流行文化的最前沿。他读高中时被认为是一个缺陷的问题却成为成就他的动因。

他已经学会了将他的阅读障碍变成他的一种特异才能：他要求任何新的想法必须以非常简单明了的方式表达出来，让他能够理解。理查德不断磨炼自己的这一特殊素质，这使他能够打破传统沉闷的思维定式，开创出与众不同的营销途径和被认为是在政治上不正确的炒作方式。

在他 20 岁的时候，理查德创办了一家提供邮购服务

① 西方教堂的地下室常做墓室用。

的唱片公司，然后又开了一家唱片店和一间录音室，全部都以“维珍”（Virgin）冠名。此时，理查德·布兰森的名字已变得与最时尚的嬉皮士音乐同义，这个前足球后卫创办的音乐媒体声誉鹊起，激发了英国年轻人的巨量需求，但也差一点被当局完全禁止。布兰森的维珍品牌也席卷了整个世界。

20 世纪 80 年代，理查德忍痛出售了他的维珍音乐集团，给新创立的维珍大西洋航空公司和其他一系列数量不断增长的新企业融资，开始了他的品牌延伸之路。布兰森继续让公司保持着时尚的风范，而非那种垄断的巨无霸品牌的形象，他觉得后者往往不能创造消费者所期望的价值。

无论是英国航空公司、可口可乐、还是美国国家航空航天局（NASA），每当理查德这个老后卫的眼睛盯上某个行业的老大后，他就觉得自己有道德义务让这些“老大”们日子不好过。虽然“性手枪”乐队（Sex Pistols）[①]的年代早已过去，但他敢于冒险和向世俗智慧挑战的精神却丝毫未减，从宾馆客房里的维珍大西洋航空公司的软性情色广告和维珍集团准备从事的太空旅游都可以看到这一点。

你不得不佩服理查德这样的亿万富翁。你可能想知道是什么样的信念使他们如此热情地投入，即使是在我们认为他们早就功成名就了，不再需要那么辛苦地工作的时候。

① 英国最有影响的朋克摇滚乐队之一，成立于1972年，反叛社会，曾是维珍音乐集团的签约乐队。

激情不是一个无关紧要的东西

对于一些事业上已经相当成功，但仍在寻求建立一种有意义的生活的人，财富是一个继续努力工作的充分理由和衡量自己的成功程度的指标，但挣钱本身很少是他们关注的重点。他们坚定的决心源于他们想做一些他们认为本身就是值得做的事情。因此，这些出色的人物永远都不能完全从他们投身的事业中退出或退休，这就是为什么他们能够长久地保持成功的原因。问他们功成名就后为什么还在“工作”是将他们投身事业的激情贬低为琐碎的追求。我们在采访中不止一次犯过这样的错误。这听起来似乎是无害的问题，但问这个问题只能表明我们的肤浅。

你还是问问他们为什么要“活着”，亚马逊的创始人杰夫·贝索斯说："你是在从后视镜看我的生活！"他外表非常友善，内心则无比坚毅顽强和善于分析。贝索斯说他创业时并没有带着一个包括退休计划的退出战略，他只是想彻底改变零售业的运作方式。

贝索斯的净资产在1999年时飙升到100亿美元，并作为年度人物登上《时代周刊》的封面。在当时，他会说他试图建立一种新的业务模式，"但我们（亚马逊）前面还有很长的路要走"。当网络泡沫破灭时，他的财富似乎也要随之灰飞烟灭了。但这并没有改变他对前景所报的乐观态度。他下决心要建立他认定的商业模式，像很多那些在他前面已经失败了的人一样，他不打算放弃。

如今，他的梦想显然已经变成现实，他数十亿美元的财富也看起来更安全了。但对贝索斯来说，重要的是前者，而不是后者。他觉得要实现他的愿景，还有很多工作我们每个人都应该更加重视自己脑子里那些挥之不去的持久性的梦想。

要做。

对这些建设者来说，询问他们为什么一直都在努力，而且在这么多年后仍然保持充沛的热情是一个荒谬的问题，表明了提问者对这些建设者的生活完全不理解，这个问题甚至侮辱了建设者们，没有考虑到他们对自己从事的事业所怀有的深厚感情。当然，我们也不用杞人忧天，替亿万富翁们担心，他们能把握好他们自己的生活。

问题是，如果在你看来，他们已经成就的事业如同让他们登上了“梦幻岛”①，你会发现试图窃取他们的藏宝图是一种自我毁灭的行为。我们每个人都应该更加重视自己脑子里那些挥之不去的持久性的梦想。建设者们这么长时间地努力工作并不是为了终有一天能够坐在海滩上，什

① 美国电视剧，在1978年和1984年播放，故事围绕一个神秘的梦幻岛展开，去到岛上的人都能在岛上实现梦想，影片由哥伦比亚电影公司制作完成。

么也不需要做了，他们是没有终点的。他们追求事业的激情创造了他们生命的意义，这是他们一生的意义所在，当然不会停下来。

追求有意义的生活的人们拥有一个共同的价值观

很多人羡慕富人和名人的生活方式，或许是向往他们生活中所拥有的赞美、魅力，以及想象中的自我满足。你可能会想，通过研究他们成功的故事你可以找到一条路线来复制他们的成功。但是，这是一个死胡同。亿万富翁和最优秀的CEO们不是这样做的，像特雷莎嬷嬷和圣雄甘地一样的英雄也不会这样做，全世界获得了持久成功的人士也不这样做。

如果说有一件事，他们一直都这样做，如果有一种价值是他们共同拥有的，那就是这些建设者们在对他们有重要意义的事情上都保持诚恳，在他们认为重要的事情上的诚恳态度使他们取得了与众不同的成就。每当他们面临抉择时，他们都希望能找到一个对他们个人而言非常有意义的机会。他们不会在对他们意义不大的事情上浪费时间。

从这个角度看待布兰森似乎有些奇怪，但是的确有大量证据显示他也有自己的价值观，这主要表现在他对个人意义始终有一种独特的理解。他的其他价值观和激情包括冒险和“不要害怕尝试新事物”，这对于布兰森这样在生命中不止一次离经叛道的人而言其实是一个保守的说法。他认为对认识和信任的人应该忠诚。他对打破被他认为是“欺骗了人们”的大品牌垄断充满了激情。人们经常听到他声称：“不要太把自己当回事儿”、“不要把事情弄复运用创造性的思想和有效的行动来寻求生活的意义和值得投身的事业。

杂”和“有乐趣”应该成为你的核心价值观。

很多人佩服他所取得的成就，另外一些人则觉得他很出格或者更糟。无论是哪种人，一般人都不大可能和理查德爵士的特殊才能和生活经历有多少共同之处。但是，你可以从他身上获得一些启示，运用创造性的思想和有效的行动来寻求生活的意义和值得投身的事业。

曾几何时，布兰森只是又一个梦想破灭、前景暗淡的少年，但是他不断地从多方面思考他自己的选择，他认为能否创造出一个有意义的未来取决于他自己。如果布兰森出生在现在这个时代，他很可能会被归为一个有特殊需要的儿童。高尚和好心的人们将帮助他尽快适应正常人的世界（达到平均阅读能力水平）。他的读写障碍和身体创伤会被当做是他成就欠佳的原因，而不是像布兰森那样利用它们来构建起一种不平凡的生活。

理查德·布兰森执著于让事情简单易懂，同时其想法又往往过分出格，这使得他的营销策略非常有力，在一系列的竞争对手中显得引人注目，令人难忘。“如果我都不明白，我怎么能期望其他人能明白？读写障碍给我带来的好处是我需要将一切都简化，”他说，“通过将一件事情简单化，让我能明白，我就可以让其他人也明白。”

无论他们的境况如何，寻求建立有价值的生活的人们在有一点上是一致的：他们总是追求一种意义，他们的生活和工作也由此不同。布兰森的激情和痛苦就提供这样一个例子，尽管你可能没有准备将他作为一个榜样。

在过去的30年里，我们和各种企业的团队一起工作，帮助他们提高业绩。我们做了每一个管理培训者基本上都在做的事：确定核心价值观，培训的方法是把企业所做的和企业所说的相比较。这种比较往往揭示了一个巨大的差距，问题看起来相当令人不安。在这些培训中，大多数人写下一长串他们认为应该用来完成这个作业并看起来不错的价值观。更糟糕的是，这些管理团队随后会将这些当做福音强加给他们的企业。

没有愿景的管理团队会给他们的员工杜撰出一个使命，但随后明显的“只说不做”的现实让这些使命变得空洞无力，员工也变得愤世嫉俗。有愿景的公司必须有一组核心价值观来支撑他们的决策和行动，但是不存在对每家公司都适合的一组价值观。

无论个人或组织都无法“创建或设置核心理念，但是你可以发现自己的核心理念。你无法通过研究外部环境而推导出你的理念，你得从你的内心去寻找。你的理念必须是真实的，你不能杜撰出一种理念来，你也不能像学习知识那样简单地去学习一种理念。不要问：‘我们应该持有什么样的核心价值观?'，而要问：'我们实际上持有什么样的核心价值观?' 核心价值观和组织的目的必须是人们内心深处执著守护的，否则它们就不是核心价值观。你觉得组织'应该'拥有，但它并非是实际已经拥有的价值观，不应该和真正的核心价值混为一谈"。如果这样做，无论是对你个人还是组织都会带来非常可怕的负面结果。

虽然建设者们在内心都持有坚定的价值观，从而在生活和事业上不断前进，但对什么才是重要的这个问题，不同人的诠释和表达差别很大。对创业者理查德·布兰森而言，他想要做的是在混乱竞争中给某些类型的客户留下深刻的印象，使他能"给他们一个更好的买卖"。而对于像世界犹太人大会的拉比辛格这样的精神领袖，他想要做的不仅仅是传播自己的信仰，他更希望能给这个世界带来和平与团结，使信仰任何宗教的人都能与持有其他信仰的人之间搭建一个沟通的桥梁。尽管布兰森和这些精神领袖非常不一样，在很多方面甚至相反，但是从本质上来看，他们都是民粹主义者，在这一点上两者是相同的。

他们每个人都在追求一个下层奋斗者反抗命运的成功故事，并独辟蹊径地找到了自己的成功之路。他们都想为普通人和世界上的其他人提供一个他们认为是更好的东西。他们相信，像个人的创造性的表达方式以及幸福这样的价值能为我们的生活提供意义，我们都应该追求一个价值，无论这个价值显得多么的不易理解、不切实际、甚至显得有些危险。

这些取得持久成功的人们，他们的故事都有一些不可思议之处。成功人士之所以能保持成功，是因为他们有坚定的信念支撑他们走自己的路。这不是任何一个其他人都

> 发现生活的意义所在是一个非常个人化的决策，只有你自己才能做出真正的选择。

可以重复的通往成功的神奇之路，没有人能够借用别人的价值体系来获得成功，这样做将和你生活中真正对你重要的东西相冲突。发现生活的意义所在是一个非常个人化的决策，只有你自己才能做出真正的选择。

8

最痛苦的挣扎带来最辉煌的胜利

无法克服的缺点

不要让你的弱点成为你不信任自己的理由

想拥有一切，你就必须先用尽你所拥有的一切

| 8 | 最痛苦的挣扎带来最辉煌的胜利

那些尽力让事情往好的方向发展的人最终也能得到最好的结局。

——约翰·伍登

年轻的查尔斯·施瓦布的脸上架着一副非常难看的眼镜，镜片很厚，黑色镜框显得土里土气。每天，这个金发的大一新生都吃力地追赶着学习进度，受学习障碍的影响，他已经有英语和法语两科不及格。这个生长在萨克拉门托的年轻人小时候靠阅读漫画书来完成他的阅读作业，但在大学里这已经行不通了。

任何要求思考性的阅读和写作课程对他来说都是巨大的挑战。当他的眼睛盯着一页书时，要他理解哪怕一点点他所阅读的内容都是非常困难的。他十分害怕任何人知道他有阅读障碍的真相。但怎么可能不让别人知道这个秘密呢？他觉得无路可走了，他们会把他赶出学校的。

查尔斯面临的挑战与他在随后要学到的课程“神话101”里面的英雄人物所常常面临的挑战非常相似。为了成功，他也得像那些神话英雄一样克服前进路上存在的巨大障碍。实际上，他最难以克服的障碍是，他必须看着镜子，直面自己身上会阻碍自己成功的致命缺陷。

无法克服的缺点

在后现代化的世界里，我们已经很自然地期待我们的英雄是完美的，尽管大量的证据表明他们从来都不是完美的。在古代世界里，希腊人对他们的英雄没有这样的期望，相反，希腊神话中的英雄都有严重的缺点。而且，这些缺点也是无法克服的！如果神话中的英雄没有从他自身的缺点中吸取教训，那么这个故事的结局将是一个悲剧。

| 8 | 最痛苦的挣扎带来最辉煌的胜利

成功并非来自天赋，也很少来自于才华。只有英雄认识到自身弱点，故事才会有一个好的结局。莎士比亚的喜剧几乎也是同样的主题。如果剧中的英雄能及时意识到自己的问题，这出戏就是一出喜剧。如果他们没能意识到自己的问题，结局就会是一个悲剧。在莎士比亚笔下，悲剧的数量大于喜剧的数量。

教训总是这样的：弱点不是悲剧的原因，英雄人物如何对待自己的弱点才是其是否毁灭的根源。故事的核心在于英雄必须直面自己潜在的悲剧性缺陷或弱点，而这些缺陷或弱点是英雄之所以为英雄不可分割的一部分，忘记或否认这一现实将会导致悲剧的发生。

在我们的文明世界中，太多的人将太多的时间和金钱用于寻找“治愈”这些缺陷或弱点的方法上，而不是致力于建设有意义的生命。更糟糕的是，如果试图“治愈”

在很多情况下，所谓的“缺陷”可以成为取得成功长青的正面因素。

你的缺陷或弱点，你可能实际上消灭了一个能成就你伟大未来的诱因。

不要让你的弱点成为你不信任自己的理由

那些寻求建立有意义的生活的人从来不否认自己的弱点，也不会让这些弱点阻碍他们的行动。这些弱点可能不时会让他们感到尴尬或不知所措，但他们不会因此排斥自己或回避问题。他们甚至不会去想办法“消除”自己的“不足”。他们会积极管理自己的弱点，将其看做是自己生活的一部分，想办法面对它，不让它成为自己生活和事业的障碍。在很多情况下，所谓的“缺陷”可以成为取得成功长青的正面因素。

想拥有一切，你就必须先用尽你所拥有的一切

对于查尔斯来说，他在规划自己生活的很多方面时都将阅读困难这个弱点考虑了进去。首先，他意识到他可以与其他人交换彼此的长处。他创建了一个团队，一个由有着不同专业特长的学生组成的学习团队，有了这个团队的集体智慧，个人在某方面的弱点就显得不太重要了。实际上，他的团队甚至比那些每个成员都自认为样样精通的团队工作起来更快、更有效。

这个曾经为学业而挣扎的大学一年级学生现在是嘉信理财（国际知名的金融服务提供商）的老板。这家以他的名字查尔斯·施瓦布命名的公司创办于1971年，总部位于旧金山，目前公司管理的客户资产已超过一万亿

美元。

最初让查尔斯感到尴尬的缺陷后来成为其天才的种子。很少有行业领袖有勇气承认，但事实的确如此，那就是很多曾经为所谓的学习障碍而挣扎的人后来都跻身于最有天赋的CEO、艺术家和教育家的行列。

这里是曾经有过学习障碍的名人的一个名单：乔治·华盛顿、阿加莎·克里斯蒂、阿尔伯特·爱因斯坦、伍德罗·威尔逊、温斯顿·丘吉尔、托马斯·爱迪生、纳尔逊·洛克菲勒、亨利·福特、沃尔特·迪斯尼、威廉·休利特、保罗·奥法里（金考[①]公司的创始人）、F. W. 伍尔沃斯、亚历山大·格雷厄姆·贝尔、理查德·布兰森、思科公司的约翰·钱伯斯、CNN的泰德·特纳……还有

① 闻名全球的图文快印业巨头。

数十个类似的例子，他们都很快认识到了其他人往往需要很长时间才能认识到的一点：他们的弱点可以成为他们的财富。对于查尔斯·施瓦布，他与学习障碍的挣扎促使他一开始就依赖别人的帮助来实现自己的目标。他从来不像很多创业者那样自以为是，或认为自己应该是万能的。

“从某种意义上来说，我面临的学习障碍这个问题的积极的一面，也许是让我很早就认识到我在阅读、写作以及所有这类事情上都做不好，”施瓦布说，“我要很费力地去理解你所看到的备忘录或报纸上的一小段话，”施瓦布说，“而一本厚书或长篇讲话就超越了我的理解能力。”在公开演讲时，念事先准备好的文稿对他来说完全是不切实际的。他又说：“你通常看到的讲话文稿都是大写的，但对我来说，这种文稿的每一段文字在我眼里就像是一块块难以辨认的灰色色块。”

为了解决这个问题，他将每个短语用不同的大小和字体打印出来，一些大，一些小，一些是粗体字，一些加下划线。“这样，当我低头看讲话的文稿时，就不会出现所有的文字都动起来的情况。到最后，在大多数人眼里看起来是一堆乱七八糟的东西，在我眼里却非常清楚。”施瓦布说。

任何见过施瓦布在公共场合讲话或看过他的电视广告的人可能都没有注意到他有什么不适。“如果不是我坚信的事情，我是不会去做的。”施瓦布坚称。他的解决办法就是努力和他人沟通，并说出他自己内心想说的话，而不是某个文稿上的话。

在学校里的时候，他专注于他真正在意的事情，然后找到导师，组织学习小组来完成学习。作为一个企业家，他积极寻求的不仅仅是能胜任工作的人，而是有天赋的人来填补公司中他不能扮演的角色。

“由于我自身的缺陷，我知道我需要其他人在我经营的企业里从不同方面来辅助我，”他说，“我已经能够认识到我的长处和不足，并在我有缺陷的领域里组建一个专业团队。我认为这是我早年患有的阅读障碍症给我带来的最大的好处。”

思科系统公司的首席执行官约翰·钱伯斯在台上演说时滔滔不绝如同一个布道的牧师。但他没有文稿可念，所有的东西都是他事先记下来的。“我在学校里就很难过，阅读对我来说是一件很痛苦的事情，”他承认说，“我的老师认为我不是很聪明，我自己也没有信心。我不明白为什么我在学习上就是跟不上别人。”

他的父母为他请了若干个适合他的家教，钱伯斯叹息道：“我真的学得很辛苦。”他十分害怕学校布置的额外依靠谦卑比依靠运气更稳妥。

的功课，但他如斯巴达人一样坚定的意志使他能以班上第二名的成绩从高中毕业，尽管实际上他也面临阅读障碍这个问题，只是当时这个问题还没有被社会认识到。

不要给钱伯斯发送一份太长的备忘录，或让他自己写这样的备忘录，这对他来说是一个极其艰难的任务。思科的这位首席执行官尽量避免写作，他总是尽可能地选择面对面的谈话。对于钱伯斯来说，依靠谦卑比依靠运气更稳妥。他的公开露面、网络访谈和在电台里的讲话等都是事先经过了充分的准备，从而能传递令人信服的、明确的消息。

钱伯斯的缺陷在思科被转化为公司的优势，无论是对公司内部的员工还是对公司散布在全球的客户，钱伯斯数年艰苦而踏实的沟通和交流无疑能够给予他们动力和信心。钱伯斯说："我们这样说是因为我们就是这样想的，我们也绝不把我们员工付出的努力或我们的客户面临的挑战看成是理所当然的，不予重视。”钱伯斯很难落笔写东西，但是他能够在头脑中多维度地构想一个问题。他说：“这是我天生就有的能力。我可以在头脑中将一个问题形象化，并使其更清楚和更简单。”

钱伯斯这种能将问题形象化的才能可能是一种天赋，但同时也是辛勤工作和练习的结果。就像盲人似乎具有超人般的听力，像钱伯斯这样的领导者花费了一生的时间来磨炼将复杂的想法变成简单、明了的概念的能力，从而克服了自己的读写障碍带来的理解困难。正如查尔斯·施瓦布所说：“坦白地讲，我没法应对复杂的问题，我每天必须很辛苦地工作，把那些复杂的问题变得简单、清楚，让自己能够理解。事实证明，像我们的客户那样聪明的人也讨厌过于复杂的东西！”例如，当他努力化解共同基金业务的复杂性时，施瓦布获得一种顿悟："当你阅读来自10个不同公司的一堆共同基金的报表时，你没有阅读障碍也会出现阅读障碍。"施瓦布的解决办法是设计出一个简单的、一站式的共同基金购买服务，此举推出后带动了一个新行业的兴起。"帮助客户在很多事情上消除神秘感一直能为我们带来巨大的商机。"施瓦布坚持说。

几十年来，像钱伯斯和施瓦布这样的人一直将他们面临的挑战作为一个秘密来保守。"我不知道人们发现了我的问题后还能对我放心么!"同样有着阅读障碍的理查德·布兰森承认道。但最终，将他们的问题公之于众给他们带来的是正面的影响。"我很惊讶地看到我的故事对那些有学习障碍的人的生活产生的影响。"施瓦布说。施瓦布和钱伯斯都赞助并牵头组织过针对阅读障碍这个问题的研究，以期帮助教师和家长对这个问题有更好的了解。

他们将自己的问题公之于众的最大收获是，我们其他人可以从他们的挣扎中学到不少东西。将你面临的逆境看做是一个机会是一回事，而实际找到某种途径使你自身的缺陷真正变成你的财富是另一回事，做到前一点比较容易，实现后一点则很难。但是你一旦做到了后一点，就会有非常丰厚的回报等着你。就像前面提到的许多例子一样，你可能会发现你的缺陷中实际上潜伏着天才的种子。

当他们直面自己的痛苦时，那些寻求建立一种有意义的生活的人们所收获的不仅仅是从错误中学习的强大能力或坚忍不拔的精神，甚至不仅仅是移情作用。韦伯斯特字典是这样定义移情作用的：“移情是指能够理解其他人过去或现在的感情、思想以及经验，并且感到共鸣，同时，未与他人就这种感情、思想和经验以客观明确的方式进行过沟通。”

这个定义没能完全准确地表达我的意思。你从痛苦的个人经历中获得的特殊知识和技能似乎甚至超越了移情作用。那些曾经被认为天生不幸、有阅读障碍的建设者却发现自己赢得了一个奖品：发现了一个特殊的天赋和以新颖的方式来脱颖而出。这种被缺陷掩饰着的天才有两种情况：作为无法改变的现实落到你身上，例如学习障碍，或者是你必须负责去做的事情你却总是做错。建设者当然不希望这些潜在的破坏性缺陷出现在任何人身上，但如果这些缺陷不幸发生在你身上，如哲学家约瑟夫·坎贝尔所说，你就应该深挖其中可能埋藏的宝藏。

对于大多数人来说，一次彻底的失败往往让他们失去前行的信心，而不是增加前行的动力。但是，对于那些寻求建立有意义的生活的人们，这种失败带来的痛苦是取得

> 他们能超越失败带来的痛苦，不是因为他们在自欺欺人，而是因为他们必须专注于他们正在投身的事业。

持久的成功必须要付出的代价。他们能超越失败带来的痛苦，不是因为他们在自欺欺人，而是因为他们必须专注于他们正在投身的事业。这并不是说一切都得到了宽恕，伤痛都完全愈合，或者所有发生在他们身上的不公正都被忽略了。他们并没有试图改写历史，或将过去一笔勾销，假装这些失败没有发生过。他们只是不为失败所气馁并继续前进。一直纠缠于积怨，积怨就无法消释，让这些积怨成为过去，这些积怨也就化解了，你也能回到你的事业上。不幸的是，当不好的事情发生后，所有的一切很少能完全解决或愈合。但是，尽管如此，追求建立一种有意义的生活的人们，能够找到一种方法来让自己得以继续前进，创造出他们想要的未来。“原谅”（forgive）这个词的词根的意思实际上是“送走”，即“让它去”。

9

做对你有意义的事

在你做蠢事之前，现在就放弃的四个好理由

陷阱一：这不被认为是一个有价值的职业生涯

陷阱二：不要追逐那些用于炫耀的东西

陷阱三：能力的诱惑

陷阱四：非此即彼的暴政

| 9 | 做对你有意义的事

那些不知道如何痛彻心扉哭泣的人，也不会知道如何开心地笑。

——戈尔达·梅尔

至少有四个好的理由（注意，你总是有很好的理由）让你在追求创造你自己的生活时感到被牵制、恐吓和无法专心于其中。成功人士也告诉我们，他们追求自己梦想的理由远远少于他们应该抛弃这些梦想的理由。

“有时感觉就像你从一开始就寡不敌众！”奥美广告公司的总裁雪莉·拉撒鲁斯叹口气说道。她是全球广告界最强势的人物之一，她的公司在70多个国家都有业务。她坚持说，无论你与来自世界何处的人交谈，你都会听到他们关于自己走过的坎坷历程的类似叙述。几乎每一个成功的人都有一个内心挣扎的故事，不论他们是来自北京、波士顿、布鲁塞尔还是班加罗尔。

“把你自己当成一个自己的迷你连续剧中的英雄。”拉撒鲁斯说。当然，实际上我们往往也是这样做的。无论你是让阻挠你的势力击垮了，还是你选择大胆推行自己的计划，你都会有痛苦，但是值得为之一搏。“好消息是，当你终于选择追求对你有意义的东西时，”她坚持说，“你会有一个更快乐的结局。”

在你做蠢事之前，现在就放弃的四个好理由

至少有四个陷阱会阻碍你对来自内心的呼唤做出回应。你或许认为那些获得了持久成功的人没有这些问题。但实际上，对那些希望建立一种有意义的生活的人们来说，他们遇到陷阱的概率很高，你可能会发现这些陷阱都是你非常熟悉的。

陷阱一：这不被认为是一个有价值的职业生涯

断言你的想法不会成就一个有价值的事业往往是由于你想隐藏自己对安全和不确定性的担忧，这种担忧可能是有理由的，也可能是没有理由的。获得持久成功的人说，当你宣布自己只是出于喜爱而计划做某件事时，这个问题就会出现。“这样做可赚不了钱……”这个声音唠叨道；“你在想什么啊？”另一个声音叫道。建设者却能够克服这些噪音的干扰。

作为一个孩子，汤姆喜爱战争玩具和外层空间，并在十几岁时对海军历史产生了浓厚的兴趣。视力上的问题使他参军的愿望受挫。在获得英语学位后，汤姆面对现实，获得持久成功的人们都最终回应了来自他们内心的呼唤。

当上了保险经纪人，随后加入了妻子的祖父所拥有的一家经纪公司，他最后买下了这家公司。这是一个“不错的生活”，放弃这个利润丰厚的小生意而去做一个小说家会被认为出现了精神错乱。

差不多二十年过去了，他的第一本小说终于面世。在四十多岁时，小托马斯·利奥·克兰西的第一本书《猎杀红色十月》出版了。直到现在，文学评论家仍然说他的作品不好，但他的悬念小说却卖得非常之好，并以书籍、视频游戏和电影等多种形式畅销于市。

当然，你不会每一天都碰上一个汤姆·克兰西这样的例子。但是，获得持久成功的人们都最终回应了来自他们内心的呼唤。无论被别人认为是有价值还是没有价值的，在他们人生旅途中的某一个点上，他们最终都拥抱了自己的梦想，这也是通往持久成功的唯一途径。

陷阱二：不要追逐那些用于炫耀的东西

如果流行文化支配了我们，我们的生活将陷入对那些我们被告知的、生活中不能没有的东西的无止境的追逐中，似乎有了以下的东西，我们的生活就会变得更加美好：可口可乐、200 美元的运动鞋、看起来很炫的衣服，以及一个新的、不同的和更好的妻子、丈夫、情人、朋友和同事。

为了给同事留下深刻的印象和满足所爱的人，我们想取得令他们羡慕的成就。与此同时，我们又想避免他人的妒忌给我们带来的痛苦，换句话说，我们渴望被接受。因此，我们尽量用那些绚丽耀眼的东西来装点我们的生活：豪车、俱乐部会员、名牌服装、高学位、昂贵的住房或任何其他的富人和名人的生活方式中可以炫耀的东西。

如果你能够从死后的角度回过头来看你所拥有的东西和人际关系，有可能你会发现你真正关心的人与事。这是一种残酷的思考方式，如果你真这样做了，看看什么东西仍然是对你重要的事情。那些东西真的有什么意义吗？不要以为只是因为某件事情是一件事情，就认为它不重要。要有一个开放和诚实的心态，不去预先判断什么是好的，什么是坏的。当你设想你死后再来审视你所拥有的东西和人际关系时，在什么地方该更多或更少地投入你的时间和精力的这个问题上，你可以得到一些非常宝贵的洞见。

陷阱三：能力的诱惑

从最早的时候，我们大多数人都曾被告知要做自己想

> 做好一种职业和投身于一种职业之间的区别是巨大的，其中的区别在于前者带来的是半满的生活而后者带来的是持久的成功。

做的事情。但很有可能那些这样对你说的人自己也不知道什么是他们自己想做的事情。你不能将你的事业和生活的重大选择完全建立在追逐别人推销给你的梦想上。

要小心你将别人提出的你应该做什么的想法合理化的自然倾向。人类是合理化的机器。我们经常合理化的一件事情是将一种我们不是特别喜欢的职业努力做得很好。

做好一种职业和投身于一种职业之间的区别是巨大的，其中的区别在于前者带来的是半满的生活而后者带来的是持久的成功。如果你和大多数人一样，你完全有能力获得足够的技能来从事在社会或经济压力下选择的某个职业，这种选择可能是自我强加的，但往往是由于想取悦他人，做他人期望自己做的事情。也许你选择目前你所做的工作是因为它给了你地位，或者你以为这是一个“安全”的选择。但对于持久的成功而言，只有基于真正意义的选择才是安全的选择。

“我开始是一个沉闷的市政专题记者，在20世纪70年代专门报道沉闷的市政会议，这些沉闷的市政会议显然现在还有人在继续报道，”幽默作家和畅销书作家大卫·巴里说道，“随后我又成为一个沉闷的写作老师，试图让那些枯燥的商人变得不那么枯燥。这是一个沉闷的工作，但是其他人认为这是一个不错的工作，毕竟这能挣钱。”他说。

“我已经是中年人，要供养房子和家庭，这个时候《迈阿密先驱报》给我打了电话。”由于巴里一直在兼职写专栏，他们邀请他成为一名全职的幽默专栏作家。“要放弃当时稳定的咨询工作让我感到很害怕，但我觉得没有其他的选择。”对巴里而言，写幽默作品就好像是他必须去挠的痒。“这是一个不间断的刺激。相信我，当我们受到不间断的刺激时，写幽默作品并不是一件轻松的事情。”他这样说道。

“你可能已经注意到了有一些人，他们既是仇视幸福的人，也是抱怨不快乐的人。”巴里说。当你发现某个你热爱的东西对你很重要时，你对这个梦想的追逐所爆发的热情可能会惹恼你身边呆板的员工。

1988 年，巴里获得了评论类的普利策奖。他说：“我做自己擅长的事情时会做得更好，而我擅长的事情往往是我喜欢做的事情。当人们选择做他们所喜爱的事情时，有些开始赚更多的钱而有些还没有，但都远比他们以前做得更好，他们都会产生一种爆发力。”

巴里谈到他选择做专栏作家时说：“有些人当专栏作家是为了吸引别人的注意，但是，这是无法把握的事情。你永远无法预测别人会怎样评价你的工作，而且他们的看法会随时发生改变。如果你渴望奉承，你就去演戏。如果你热爱写作，那么你就去写作。”

很多人在等待着一种顿悟——如同“被闪电击中般”或在震耳欲聋的摇滚音乐会听到一个明确的答案，但这样的顿悟几乎从没有降临过。现实情况是，要意识到自己内心真正追求的东西往往是一个非常漫长的过程，要历经磨难，反复尝试和经受失败，但最后终于感觉自己在不断地接近那个越来越温暖的、真实的东西，这通常是一个微妙的领悟过程。

有时候，在某一时刻，你似乎觉得把所有的东西都看清楚了。但这往往是在屡经尝试后才会有的体验（这个问题在《基业长青》一书中也进行过探讨）。在经过多次挫折和尝试后，你最终明了一切，但刚开始时并非总是如此。

有远见的组织的领导者的思考方式是“和”，而不是非此即彼的“或”。

陷阱四：非此即彼的暴政

那些致力于建立一种有意义的生活的人们，他们的想法的确与众不同。你所投身的事业是否在让你兴奋的同时也能帮助他人？它是否能同时服务于你和他人？对于追求持久成功的人来说，生活很少有“或”的问题。你从那些取得巨大成就的人们那里听到的说法是，如果你觉得你的工作是一个值得做的好事，那你就应该克服困难，勇往直前。

有远见的组织的领导者的思考方式是“和”，而不是非此即彼的“或”。例如，他们不会认为赚钱和致力于改变世界两者之间有什么矛盾。这也适用于获得持久成功的人们。他们不认为投身于一项事业和追求个人的利益有什么矛盾，他们两者同时都要。此外，所谓的“和”不是五十对五十的妥协，而是一百对一百的完整并存。让人一大早就起床工作的热情既是为了自己的事业，也是为了让他人的生活更加美好。获得持久成功的人得到的结论是：他们致力于为他人服务的同时，也是在追求他们的个人利益。

对于自己的目标，他们脚踏实地的同时也充满了理想主义。他们致力于追求长远的目标，同时也注重将每天的事情做好，而当下外界对他们的评价不是他们最关心的问题。

请注意，服务他人不等于讨好他人。我们大部分人都觉得有必要“把我们的车票打孔验票”，即让外部认可我们的使命是有意义的，从而认定我们所做的事情确实是重要的。在我们自觉或不自觉地努力让自己被别人喜爱的过对于那些对你的内心很重要的东西，在你找到它的时候，你的内心会告诉你的。

程中，我们会不可避免地破坏了对我们真正所爱的东西的追求。

“获得真正满足的唯一途径就是做你相信是伟大的工作，”苹果公司的创始人和首席执行官史蒂夫·乔布斯于2005年在斯坦福大学毕业典礼上的著名演讲中说，“而做伟大的工作的唯一方法就是热爱你所做的事。如果你还没有找到你所热爱的事业，那就应该继续寻找。对工作应该如此，对你所爱的人也应该如此。对于那些对你的内心很重要的东西，在你找到它的时候，你的内心会告诉你的。而且，如同任何伟大的关系，只会越来越好。就像任何真诚的关系，随着岁月的流逝只会越来越紧密。所以继续找，直到你找到它，不要停下来！”

当史蒂夫·乔布斯和史蒂夫·沃兹尼亚克在20世纪70年代创建苹果公司时，他们有一个大胆的目标：让每个家庭都拥有电脑。这两个史蒂夫准确地预测到了未来，但这些个人电脑并非都是来自苹果。现在苹果在消费者中越来越热销，越来越时髦，增长速度也比以前快，但经过30多年的经营，它仍然只占有一个相对较小的市场份额。

虽然困难重重仍然热情地去追求你的理想可能不会让你成为最富有或最有权势的人，但是这有什么关系呢？想象一下如果这个世界没有苹果公司和皮克斯动画工作室[①]会是什么样子，你就会意识到它们是如何前所未有地将创造力和美感体现在技术上。建设者们说，正是这些能传之后世的东西使生命值得延续下去。

“你们的时间很有限，所以不要将其浪费在重复其他人的生活上，”乔布斯说道，“不要被教条所束缚，那意

① 皮克斯动画工作室（Pixar Animation Studios），于1986年正式成立，是一家继迪斯尼公司之后，对动画电影历史影响最深远的公司。公司于2006年被迪斯尼收购，成为其全资子公司。

味着你是按照其他人思考的结果来生活。不要被其他人喧嚣的观点掩盖你内心的声音。最重要的是，你要有勇气去听从你的直觉和心灵的指示——它们在某种程度上知道你真正想要成为什么样子，其他的一切都是次要的。”

你可以从取得伟大成就的人那里得到的启示是要倾听你自己的愿望，但不要让它阻碍你重新定义你的成功。做你想做的事情，不管它是你生命中的一小步还是你事业上的一大步，这是获得持久成功的前提。